ESTADÍSTICA PARA CONSTRUCTORES

Un libro básico para Contratistas, Gestores de Proyectos y Superintendentes de Obras

Wilfredo Espinoza Coronado, PhD

Ingenieroestadistico.com

Estadística para Constructores - Un libro básico para Contratistas, Gestores de Proyectos y Superintendentes de Obras

Primera Edición: Marzo del 2014
ISBN-10: 1496026209
ISBN-13: 978-1496026200

Editado por INGENIEROESTADISTICO
Carretera Sur Panamericana Km 9.9. Residencial Altos de Ticomo, L-16. Nicaragua, América Central.
info@ingenieroestadistico.com

DEDICACIÓN

A mi esposa Tatiana, por permitirme tomar tiempo del que debí dedicar a la familia y lo dediqué a las horas de escritura de este libro

A todos los constructores que a diario se esfuerzan por aplicar estadística en sus proyectos de construcción

Contenido

Epígrafe	Descripción	Pág.
1	**DONDE APLICAR ESTADÍSTICA EN LAS OBRAS**	20
1.1.	Introducción	20
1.2.	Porqué utilizar estadística en la gestión de proyectos	22
1.3.	La incertidumbre y la información	24
1.4.	¡Desperdicios de construcción, o dinero!	31
1.5.	Los cerramientos generan gran cantidad de desperdicios	34
1.5.1.	Porcentajes de desperdicios	36
1.5.2.	Como obtienen los constructores los % de desperdicios	36
1.5.3.	Como deben obtenerse los valores de desperdicios	38
1.6.	El f´c del hormigón es una variable continua	41
1.6.1.	¿Qué tipo de variable es f´c?	41
1.6.2.	Utilización de la variable que es f´c	42
1.7.	Aplicar estadística para definir el valor de f´c	48
1.8.	Medición: la solución para la Gestión de Proyectos	51
1.9.	Donde aplicar Estadística	56
2	**CONCEPTOS ESTADÍSTICOS APLICADOS A LA CONSTRUCCIÓN**	61
2.1.	Qué es la Gestión de Proyectos de Obras de Construcciones Civiles	61
2.1.1.	¿Qué es un proyecto de construcción?	63
2.1.2.	Pruebas diagnósticas	65
2.1.3.	Rol de la Ingeniería Civil y la Estadística en la Gestión de Proyectos	69
2.2.	¿Qué es la estadística aplicada?	72
2.3.	Técnicas empleadas en el análisis estadístico	74

ESTADÍSTICA PARA CONSTRUCTORES

Epígrafe	Descripción	Pág.
2.4.	Causas por la cual no se emplea estadística	76
2.5.	Estimadores estadísticos	81
2.5.1.	Estimadores clásicos o paramétricos	82
2.5.2.	Estimadores robustos o no paramétricos	83
2.6.	Procesos aleatorios o estocásticos	85
2.6.1.	Clasificación de los procesos aleatorios	88
2.7.	Variables que intervienen en los procesos constructivos	90
2.7.1.	Tipos de variables	92
2.7.1.1.	Variables objetivas	92
2.7.1.2.	Variables subjetivas	93
2.8.	Tipos de estudios de investigación en la construcción	96
2.8.1.	¿La Ingeniería es una ciencia?	96
2.8.2.	Como controlar las obras de construcción	101
2.8.3.	Taxonomía de los estudios de investigación dentro de la industria de la construcción	105
2.9.	Diseños de estudios de investigación en la construcción	109
2.9.1.	Controles industriales	111
2.9.2.	Modelos de estudios científicos	118
2.9.3.	Estudios de monitoreos	118
2.9.4.	Planteamiento de los estudios de monitoreos	120
2.9.5.	Variables que intervienen en los monitoreos	125
2.9.6.	Ventajas de aplicar estudio de monitoreos	127
2.9.7.	Técnicas para realizar estudios de monitoreo	128
2.9.8.	Dimensiones de las variables	135
2.9.9.	Variables unidimensionales y multidimensionales	138
2.9.10.	Variables subjetivas	138
2.10.	Cuando se debe elegir una muestra	140
2.11.	¿Qué es el error estándar?	145
2.12.	Las pruebas de aleatoriedad	151
3	**PREDECIR Y PRONOSTICAR**	**159**

Epígrafe	Descripción	Pág.
3.1.	¿Cómo es posible predecir el futuro?	159
3.2.	¡Predecir en el sector construcción!	161
3.3.	¿Qué se puede predecir en los proyectos?	163
3.3.1.	¿Cómo se predice?	164
3.4.	Construcción de modelos predictivos	165
3.4.1.	Modelamiento predictivos	166
3.5.	Objetivos estadísticos prever	168
3.6.	Series de tiempos aplicadas a la construcción de obras civiles	172
3.7.	Análisis de Supervivencia en obras civiles	176
3.8.	Modelos de regresiones	180
3.9.	Análisis de Supervivencia de Kaplan Meier	183
3.9.1.	Aplicación del análisis de Kaplan Meier	185
3.9.2.	Variables estudiadas en el análisis de Supervivencia	186
3.9.3.	Censura y truncamiento estadístico	187
3.9.3.1.	Censura	188
3.9.3.2.	Truncamiento	189
3.9.4.	Gráfica de la función Supervivencia	190
3.9.5.	Interpretación de la curva de Supervivencia	190
3.9.6.	Tablas actuariales	191
3.9.6.1.	Punto donde iniciar un seguimiento mediante las tablas actuariales	191
3.9.6.2.	Carácter estocásticos de las variables para construir tablas actuariales	193
3.9.6.3.	Ejemplo de construcción de una tabla actuarial	197
3.10.	Medición de la exactitud de los pronósticos	206
3.10.1.	Mejores modelos que ajustan a los datos	207
3.10.2.	Medidas de precisión que existen	208
3.10.3.	El mejor modelo de pronóstico	209
3.11.	Metodología Box-Jenkins	211
3.11.1.	Identificar el modelo y seleccionarlo	212
3.11.2.	Estimación de parámetros	212

Epígrafe	Descripción	Pág.
3.11.3.	Comprobación del modelo	213
3.11.4.	¿Para qué se utiliza Box - Jenkins?	213
3.12.	Riesgo y peligro	214
3.12.1.	La percepción un procedimiento en desuso	216
3.13.	Modelo de Cox	217
3.13.1.	Aplicación del modelo de Cox	218
3.13.2.	Ejemplo de análisis mediante el modelo de Cox	223
3.13.3.	Interpretación de los resultados de Cox	228

ILUSTRACIONES

CONTENIDO	PAGINA
Ilustración 1.3-1	27
Ilustración 1.4-1	32
Ilustración 1.6.2-1	43
Ilustración 1.9-1	58
Ilustración 2.1-1	63
Ilustración 2.1.2-1	65
Ilustración 2.1.2-2	69
Ilustración 2.3-1	74
Ilustración 2.4-1	77
Ilustración 2.6.1-1	89
Ilustración 2.7-1	91
Ilustración 2.8.2-1	104
Ilustración 2.9-1	110
Ilustración 2.9.1-1	112
Ilustración 2.9.1-2	113

Ilustración 3.4-1 165

Ilustración 3.8-1 182

Ilustración 3.9.6.3-1 198

Ilustración 3.9.6.3-2 199

Ilustración 3.9.6.3-3 200

Ilustración 3.9.6.3-4 201

Ilustración 3.9.6.3-5 206

Ilustración 3.13-1 218

Ilustración 3.13.2-1 224

Ilustración 3.13.2-2 225

Ilustración 3.13.2-3 225

Ilustración 3.13.2-4 226

Ilustración 3.13.2-5 226

Ilustración 3.13.2-6 227

Ilustración 3.13.2-7 228

PRÓLOGO

Cuando el Ingeniero Wilfredo Espinoza Coronado, autor de este libro muy genial en cuanto a su contenido y en la forma de presentar los temas de Estadística a los constructores, se presentó a mi oficina y me solicitó que elaborará un prólogo para uno de sus libros que estaba por concluir. Me desconcertó muchísimo, debido a que nunca paso por mi mente prologar un libro cuyo contenido fuera la Estadística, y menos aún un libro de la magnitud y calidad de Estadística para Constructores.

Después de leer este libro de gran relevancia para la industria de la construcción, llegué a la conclusión de que en los proyectos donde he actuado en calidad de Gerente o Coordinador de Proyecto, hacía falta mucho camino por recorrer para estar a la altura de los métodos para el Control Industrial que se plantean en el libro Estadística para Constructores.

El contenido de este libro es totalmente inédito, al menos para mi conocimiento, puesto que en el más que plantearse procesos y procedimientos Administrativos. Se plantea un método para el Control Industrial de los proyectos de construcción, fundamentado en la Estadística. Se plantean métodos de monitoreos y seguimientos de obras soportados en la ciencia.

Se trata de un libro serio, que plantea un método fácil, de carácter científico. Para realizar Controles Industriales en las obras que se ejecutan en la industria de la construcción.

Plantea métodos fáciles, pero rigurosos que permite demostrar las causas de las variaciones, inconsistencias, relaciones, correlaciones, causas, efectos, de las variables que se dan en los procesos constructivos. Traza un enfoque de un universo de variables para los proyectos de construcción.

ESTADÍSTICA PARA CONSTRUCTORES

Estadística para Constructores, es un libro que librará a los Constructores de acumular historias anecdóticas de los proyectos y a las cuales le han denominado información. Este libro contribuirá para que los Constructores no consideren más la técnica narrativa, de la literatura, las narrativa de los eventos como el medio ingenieril para elaborar informes técnicos. El libro ayudará a todos los profesionales de la industria de la construcción, a utilizar métodos científicos para demostrar todo los procesos que se dan dentro de esta industria cargada de incertidumbre.

Los informes técnicos, que generan o elaboran los Gerentes de Proyectos durante la ejecución o posterior a la ejecución de las obras de construcción, no deben fundamentarse en la prosa, ni en técnicas narrativas de la literatura. Pues, estos documentos son documentos técnicos que deben contar un soporte científico.

Este soporte científico únicamente lo encuentran en los estudios de investigación que se describen y detallan en el libro Estadística para Constructores.

El objetivo de este libro, no es proveer métodos para la elaboración de informes técnicos. Pero, para elaborar estos informes de carácter eminentemente técnicos. Necesariamente los profesionales de la industria de la construcción, deberán transitar por todas las técnicas de análisis e inferencia estadística que se detallan y describen en el libro Estadística para Constructores.

Elías Juárez
Ingeniero Hidráulico
Coordinador de proyectos PCH

PREFACIO

Este libro ha sido pensado como herramienta para estimular la aplicación de métodos estadísticos en los procesos de Controles Industriales. Es una herramienta para, Constructores, Gestores de Proyectos, Superintendentes, profesionales de la construcción en general, así como para los estudiantes de carreras afines a la construcción de obras civiles.

Este libro tiene la finalidad de inducir a todos los profesionales, relacionado con la industria de la construcción, a la aplicación de procesos Estadísticos, inducirlos para que empleen y utilicen Estadística en todos los procesos administrativos y constructivos.

Utilizarla y emplearla de tal forma que permita potenciar los resultados de su Gestión de Proyectos. Ha sido pensado para ayudar a todos los profesionales que laboran en el sector construcción, a superar el estado de estancamiento en que se han sumido los procesos de monitoreo y seguimientos de las obras de construcción. Ha sido pensado para que los profesionales del sector de la construcción diseñen sistemas de controles industriales cimentados en la Estadística.

El libro ha sido concebido como un texto básico para el sector construcción. Se pretende mediante este libro trasmitir conceptos Estadísticos y de Gestión de Proyectos que ayuden al Constructor, Gestor de Proyectos y Superintendentes de Obras a escalar los sistemas de monitoreo y seguimiento que han venido realizando hasta la fecha en sus proyectos.

Ha llegado el momento de que los profesionales del sector construcción, comiencen a franquear todos los obstáculos, barreras tecnológicas y metodológicas que les impida adentrarse en el desarrollo informático, en el análisis Estadístico y en los procesos de inferencia y pronósticos Estadísticos que demandan los sistemas complejos de la administración de obras. Desarrollo informático, análisis Estadístico, Inferencias y Pronósticos Estadísticos que permitan obtener expresiones bien formadas y coherentes, así como fundamentos consistentes para trazar líneas lógica de decisiones durante la Gestión de los Proyectos de construcción.

Estadística para Constructores no es un libro destinado a proporcionar ecuaciones y tablas de estadísticos y distribuciones para la solución de problemas triviales o superficiales, o problemas que han sido generados dentro de otros campos del conocimiento o ámbitos de trabajos que explican relativamente muy poco de las situaciones que se observan en el sector construcción. No es un libro con teoremas y demostraciones; sin embargo, es riguroso en el planteamiento de las propiedades y conceptos. Es un libro nuevo e inédito.

De forma intencionada se excluyeron en este libro todos aquellos conceptos y temas que, desde el punto de vista matemático-estadístico son muy interesantes, favorecen la generación de confusión. El resultado final que se obtuvo es un libro de Estadística de poca extensión, pero claro y conciso en los conceptos que los profesionales de la industria de la construcción necesitan conocer para el análisis Estadístico. De forma tal, que les permita efectuar estudios de monitoreos y seguimiento de proyectos mediante el software IBM SPSS Statistic, versión 22. O cualquier otro paquete Estadístico.

Es un libro totalmente distinto a los libros de Estadística que el lector haya conocido. En este libro no se presentan las pesadas y tediosas tablas de estadísticos, o las largas y complejas ecuaciones estadísticas. No se presentan, porque estás sean incorrectas o carezcan de valor Estadístico; sino, no se presentan porque este libro no ha sido pensado para formar Estadísticos, o para formar profesionales que pretendan hacer demostraciones Estadísticas.

Las demostraciones de ecuaciones Estadísticas no es el objetivo de este libro Estadística para Constructores, sino la formación de profesionales de la construcción con Cultura Estadística y no con un enfoque técnico puro de Estadística. Con el desarrollo de la informática y la tecnología en general, ya no es necesario cargar y memorizar tablas de estadísticos y distribuciones, ni ecuaciones para la solución de problemas, o solución de situaciones o escenarios que se dan en los proyectos de construcción.

El estudio de esta obra Estadística para Constructores, le permitirá al lector adquirir capacidades para plantear verdaderos estudios Estadísticos, estudios de investigación científica que le permitan monitorear y dar seguimiento a todas las variables que surjan durante la ejecución de los proyectos de construcción. Estudios que les permitan plantear soluciones para la toma de decisiones con soporte científico, para eventos y sucesos que surgen en la industria de la construcción. Seguir la metodología que plantea Estadística para Constructores hará más eficiente y eficaz la Gestión de Proyectos de Construcción.

La Gestión de Proyectos de Construcciones civiles, está altamente correlacionada con la calidad de vida, salud y bienestar para el hombre y la sociedad en general. Por tanto, si los Constructores, Gestores de Proyectos y Superintendentes de obras admiten estas conclusiones Estadística de gran trascendencia para el sector de la construcción, al hacer eficiente y eficaz la Gestión de Proyectos de Construcción, estarán velando y cuidando por la calidad de vida, salud y bienestar del hombre y la sociedad.

En el tercer quinquenio del siglo XXI, la Gestión de Proyectos de obras civiles no se puede concebir sin la utilización y aplicación de Estadística. La Estadística, ha existido en formas sencillas desde el inicio de las civilizaciones.

Los babilonios, los Egipcios, los Chinos, los Mayas, los Incas, y los Griegos, en su épocas, recopilaron y analizaron datos de sus gobiernos utilizando algún tipo de estadística. Utilizaron estadística embrionaria o rudimentarias. Por lo que, no se debe admitir que después de haber transcurrido varios milenios desde la existencia de estas culturas que utilizaron Estadística embrionaria, aún en la Industria de la Construcción haya resistencia para utilizarla.

La estadística es la piedra angular de la investigación cuantitativa, es una parte esencial de las investigaciones científicas. Por tanto, todas las mediciones de los procesos constructivos deben realizarse mediante procedimientos Estadísticos. Es la única forma que los Constructores tienen para verificar si los procesos y los resultados son ciertos y efectivos.

Los Constructores no deben más admitir ni permitir que su personal de dirección tome decisiones soportadas en percepciones, presentimientos, sentimientos, corazonadas o estimaciones vagas derivadas de concepciones fenomenológicas, heurísticas y hermenéuticas. Toda decisión en la industria de la construcción debería soportarse en métodos y procedimientos Estadísticos. Procedimientos científicos.

Sin la utilización de la Estadística los registros numéricos que se lleven a cabo de los procesos constructivos, y los registros del desarrollo de las obras de construcción, así como a las conclusiones a que se llegue no tendrán la exactitud que los estudios cuantitativos exigen en la industria de la construcción.

Es por ello, que sin la aplicación de Estadística los sistemas de monitoreos de obras, y los estudios que se realizan en los proyectos de construcción son simples registros de hechos anecdóticos y descripción de fenómenos que no pueden verificarse. Son simples registros cronológicos de datos que no posibilitan llegar a conclusiones científicamente válidas.

Este libro está estructurado en tres capítulo, en el primer capítulo presentamos una visión general de los motivos y razones que deben inducir a los constructores a utilizar la estadística como la única herramienta para llevar a cabo el Control Industrial. Herramienta para realizar de manera efectiva los monitoreos y seguimientos de las obras en los proyectos de construcción.

En el segundo capítulo, denominado Conceptos de Estadística Aplicada a la Construcción. Se exponen los conceptos de: Gestión de Proyectos de Construcción, el rol de la Ingeniería Civil, las pruebas diagnósticas, la estadística en la Gestión de Proyectos, los estimadores estadísticos, etc. Aquí en este capítulo se presenta el concepto de variable y los tipos de variables, conceptos claves para una buena Gestión de Proyectos. También se exponen en este capítulo, desde un punto de vista científico, el concepto monitoreos y tipos de monitoreos. Este tema, es un tema amplio y de gran interés para todos los lectores relacionados con la industria de la construcción. Es por ello que próximamente será presentado con mucha profundidad en un libro que tiene como título "Monitoreos de Obras de Construcción".

En el tercer y último capítulo se presenta el tema predecir y pronosticar. Este tema, se aborda en un capítulo. Debido a que es un tema muy extenso. En la industria de la construcción todos los eventos por estar relacionado con costos, tiempo y calidad, deben predecirse y pronosticarse.

Pronosticar no es igual que predecir. En los círculos corporativos y particulares las personas en su vida diaria realizan predicciones y pronósticos, sean estos intuitivos o probabilísticos. Las predicciones y pronósticos probabilísticos son empleados por las empresas constructoras en los procesos de investigación, producción y Gestión de Proyectos.

Hagamos de la Estadística una Cultura. Constructores, Gestores de Proyectos, Superintendentes de Obras y todos los profesionales relacionados con el sector de la construcción, hagamos de la Estadística una Cultura. Hagamos una Cultura Universal.

CAPITULO

UNA MIRADA EN DONDE APLICAR ESTADÍSTICA

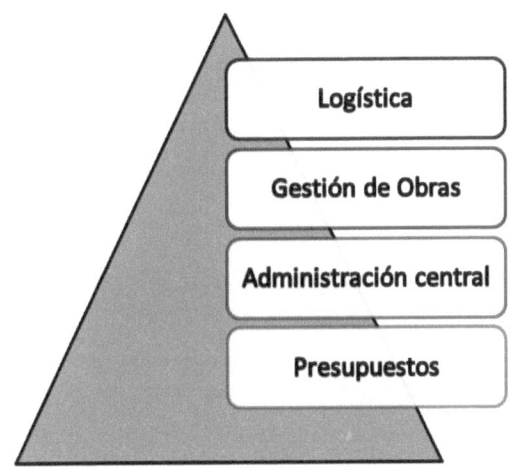

"La Estadística, es la mejor y más útil herramienta para la administración de obras civiles"

Wilfredo Espinoza Coronado

1. DONDE APLICAR ESTADÍSTICA EN LAS OBRAS

1.1. Introducción

En este capítulo, presentamos una visión general de las causas y motivos que deben inducir a los constructores y profesionales de la construcción a, utilizar la estadística como la única herramienta a su disposición para diseñar sistemas de Controles Industriales.

Controles Industriales, que les permitirá realizar eficaces y eficientes estudios de monitoreos y seguimientos a las obras de los proyectos de construcción. Se presentan en este capítulo, preguntas comunes que se formulan constructores que durante años, han estado construyendo obras, sin utilizar Estadística para los Controles Industriales de los proyectos construidos.

Hago una reflexión sobre el concepto de incertidumbre, concepto que debe hacer reflexionar a todo los constructores sobre las causas efectivas que hacen de la construcción una industria compleja. Concepto, cuya definición y conocimiento debe conducir a los constructores a identificar, dentro y fuera de la industria de la construcción, las unidades de estudios y las unidades de información. Unidades que les facilitará utilizar la Estadística como la mejor herramienta para obtener resultados altamente eficientes, capaces de transportarlos hacia caminos de éxitos.

Presento, con mucho énfasis, el tema relacionado con los desperdicios. Tema que debe convertirse en una de las razones principales que deben tener los constructores para utilizar Estadística en los procesos constructivos. Utilización que hará reducir costos y tiempos cuando conozcan los orígenes de los desperdicios que frecuentemente producen los proyectos de construcción de obras civiles.

Les expongo un ejemplo muy común en la industria de la construcción. Un ejemplo, que ha sido praxis de mi vida profesional, el cual está relacionado con los resultados Estadísticos de cerramientos con mamposterías. Este ejemplo, contiene información que les hará cavilar profundamente sobre la necesidad de contar con un diseño para el Control Industrial de las obras de construcción. Y, para realizar a la mayor brevedad en sus proyectos estudios de monitoreo y seguimiento que estén cimentados en la Estadística.

Finalmente en este capítulo, les presento el tema relacionado con el hormigón o concreto simple. Material base de toda construcción. Con el ejemplo que les expongo, denominado "**resistencia a la compresión del hormigón**", intento calar en las conciencias y conocimientos de los Constructores, Gestores de Proyectos y Superintendentes de Obras sobre donde hurgar y encontrar los costos innecesarios o superfluos que abultan sus presupuestos de construcción.

La eliminación de los costos innecesario o superfluos, influyen notablemente y de forma inmediata en los márgenes de utilidades de los proyectos de construcción. Márgenes que se podrán mantener o incrementarse, solamente mediante el conocimiento y dominio de todas las variables que se generan y surgen durante los procesos constructivos de los proyectos de construcción.

Cada unidad de estudio o variable que se da en un proyecto de construcción, incide directa o indirectamente en la generación de utilidades. Incide, directamente en el costo final de una obra.

Debe concebirse cada proyecto como una población estadística de diversas variables, el Constructor del siglo XXI debe tener un enfoque de universo de variables. Variables que surgen en los procesos constructivos y analizadas apropiadamente mediante Estadística, les conllevará a tomar decisiones que producirán sustanciales incrementos en los márgenes de utilidad.

1.2. Porqué utilizar estadística en la gestión de proyectos

¿Sabes cuál es la diferencia entre el seguimiento analítico de una obra en la industria de la construcción, y el seguimiento empírico o heurístico de la misma obra?, es la Estadística.

Porque, sin la Estadística el monitoreo y seguimiento de las obras de los proyectos de construcción, se convierten en simples recopilaciones anecdóticas de la información, en narraciones de eventos y fenómenos que no pueden verificarse científicamente, que no pueden comprobarse mediante método alguno, que no se tiene seguridad de su certeza.

La Estadística es la piedra angular de la investigación cuantitativa. Es la esencia fundamental para los Controles Industriales. La Estadística no es la materia o disciplina que vivimos o sentimos en nuestras épocas de estudiantes, no es la disciplina con poca utilidad o aplicación como la sentimos cuando aprendíamos en la Universidades.

¿Cómo podría saberse en un proyecto de construcción, si el resultado de las intervenciones en la administración de las obras, está produciendo los efectos deseados por el contratista de la obra?.

¿Cómo podría saberse si los procesos que se ejecutan para administrar los equipos de construcción son los más apropiados?, ¿cómo saber si la mano de obra que contrató un proyecto para ejecutar las obras de construcción tiene incidencia en la generación de utilidades para la empresa?, ¿cómo saber si el sistema de Gestión de los Proyectos de construcción que se ejecutan está generando costos parasitarios o superfluos?, ¿cómo saber si la calidad de las obras que se están construyendo están dentro de límites aceptables?.

Solamente aplicando Estadística a la Gestión de Proyectos de construcción se puede dar repuestas a todas y cada una de las interrogantes descrita en los párrafos precedentes, solamente la Estadística es capaz de guiarnos por caminos seguros, cuantificables y verificables.

Es, aplicando Estadística que se puede asegurar que efectivamente la ejecución de los proyectos de construcción, están incidiendo positivamente en el último renglón del estado de resultado, las utilidades.

La Estadística, permite comparar, cuantificar, medir resultados, efectos esperados, pronosticar, determinar impactos que precisarán o describirán si la administración de las obras de los proyectos de construcción, está siendo conducida apropiadamente.

Están siendo llevadas por los senderos de la calidad y la generación de utilidades. Solamente, aplicando Estadística se puede asegurar la obtención de utilidades, o superar las utilidades propuestas en un proyecto de construcción.

La Estadística, es la mejor y más útil herramienta para la administración de las obras de construcción. Es la herramienta perfecta que efectivamente nos hará eficaz y eficiente en la Gestión de proyectos. Es una herramienta que maximizará las utilidades.

La Estadística, es la única herramienta capaz de conducirnos hacia la excelencia constructiva, hacia la producción de obras de calidad.

1.3. La incertidumbre y la información

La guía ISO 3534-1-1993, Estadística, Vocabulario y Símbolos. Parte 1: Probabilidad y Términos Estadísticos Generales, define la incertidumbre como "**una estimación** unida al resultado de un ensayo que caracteriza el intervalo de valores dentro de los cuales se afirma que está el valor verdadero". Esta definición tiene poca aplicación práctica ya que el "valor verdadero" no puede conocerse[1].

El Vocabulario de Metrología Internacional, VIM, 1993, define la incertidumbre como "**un parámetro**, asociado al resultado de una medida, que caracteriza el intervalo de valores que puede ser razonablemente atribuidos al mensurando". En esta definición el mensurando indica: "la propiedad sujeta a medida" (VIM 1993). El contenido de zinc en un acero o el índice de octano en gasolina son dos ejemplos de mensurando en análisis químicos.

Un parámetro es un número que resume una cantidad significativa de datos que se derivan del estudio de una variable estadística. Se denomina estimación al conjunto de técnicas que permiten obtener un valor aproximado de un parámetro de una población a partir de los datos proporcionados por una muestra.

Por tanto, ambas definiciones, las descritas por la ISO y la descrita por VIM no encierran o no contienen el concepto que en efecto los Estadísticos dan a la incertidumbre.

La incertidumbre no es un parámetro, ni es una estimación estadística. En estas dos definiciones el concepto de incertidumbre no refleja duda acerca de la veracidad del resultado obtenido una vez que se han evaluado todas las posibles fuentes de error y que se han aplicado las correcciones oportunas, sino que

---

[1] Desde la revolución relativista iniciada por Albert Einstein a principios del siglo XX, y la revolución cuántica iniciada por el físico alemán Max Planck (1990); los científicos comprobaron que no es posible conocer valores verdaderos. Que únicamente se puede alcanzar una certidumbre probabilística.

define la incertidumbre como estimación y parámetro. Por lo que, la incertidumbre tal como está definida por la ISO, así como la definida por la VIM solamente dan una idea de la calidad del resultado ya que muestra un intervalo alrededor del valor estimado.

La incertidumbre es concebida por los Estadísticos como todo lo contrario a la certeza, es todo lo opuesto a la seguridad. Es lo que se siente cuando el futuro es incierto. Incertidumbres es carencia de claridad, de lo que acontecerá en un futuro inmediato o lejano. Incertidumbre es azar, contingencia, expectativas, es duda. La incertidumbre no se puede medir; sin embargo, si se puede reducir. Se puede reducir la incertidumbre midiendo y conociendo el índice de riesgo[2].

La incertidumbre no es una variable, es por ello que no puede ser una estimación ni un parámetro. Es un principio físico vinculado a la mecánica cuántica. Este principio establece la imposibilidad de que determinados pares de magnitudes físicas sean conocidas con precisión arbitraria (Werner Heisenberg 1925).

No obstante, los fenómenos cuánticos macroscópicos están estrechamente relacionados a todo cuanto nos rodea en la industria de la construcción. Que sería impreciso e incorrecto pensar o expresar que dos eventos o sucesos que se desarrollan simultáneamente en un proyecto de construcción, se encuentra en un cierto estado sin que antes se haya corroborado estadísticamente tal estado.

Aun siendo medidos y corroborados estos dos eventos mediante la Estadística, no se obtendrían medidas de precisión, solamente estimaciones. Por tanto, sería incorrecto desde el punto de vista de la lógica, y también desde el punto de vista físico pensar y expresar que existan eventos o sucesos en tal estado con independencia de nuestra capacidad para confirmarlos experimentalmente.

---

[2] Riesgos convencionales o normales, riesgos inherentes a la propia obra, riesgos catastróficos extraordinarios.

De tal forma que, para obtener soluciones efectivas durante la toma de decisiones en los proyectos que se ejecutan en la industria de la construcción, es imprescindible y fundamental nuestras interacciones con el conjunto de todos los elementos que constituyen y rodean a esta industria.

Mediante las interacciones que se dan entre todos éstos elementos que constituyen y rodean a la industria de la construcción, o a los proyectos de construcción. Es que surgen las **unidades de información o unidades de estudios**. Son estas unidades de información o de estudios las que crean la realidad. No es la materia y la energía, como se establece en la mecánica Newtoniana, la que crea esta realidad.

La información siempre ha sido fundamental, no solo para el funcionamiento de la sociedad, sino para todos los aspectos de la vida. Pero **¿qué es la información?**.

La información la encontramos en los hechos más sencillos en nuestras vidas. La información se nos presenta en los proyectos de construcción como variables, no necesariamente numéricas, pueden presentarse de forma dicotómicas o como un sistema binario.

Un interruptor es un sistema binario, está encendido o apagado. Ciertos conceptos u objetos de obras de construcción (actividades constructivas) se realizan o no se realizan, se expresan como un cero o uno; por tanto estos sistemas son de carácter binario.

Un proyecto de construcción le genera o no le genera utilidades a un constructor, es un sistema binario. Una obra terminada cumple o no cumple estándares de calidad, ocurre o no ocurre, también en un sistema binario. El estado del proyecto es complicado o no complicado dependiendo de las variables que lo expliquen, es un sistema binario. Ver ilustración 1.3-1.

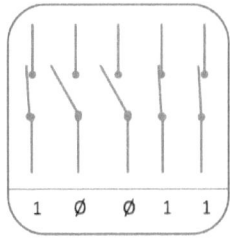

Ilustración 1.3-1

Para Wikipedia, la información es un conjunto organizado de datos procesados que constituyen un mensaje, mensaje que hace cambiar el estado de conocimiento del sujeto o sistema que recibe dicho mensaje.

No obstante al concepto que se tenga de información, los sucesos o eventos que se pueden describir como un sistema binario contienen un bít[3] de información, una unidad que puede ser uno o cero. Estos sucesos o eventos toman los valores finales de si o no, los que traducido a un sistema binario se describe como cero o uno.

Cuanto más complejo son los eventos o sucesos que encontramos en la industria de la construcción, más bit se requieren para describirlos, se tornan más complejos, surge la incertidumbre, surgen las dudas y la certeza para afrontar estos sucesos o eventos.

En un futuro, probablemente estos eventos o sucesos sean abordados y procesados por computadoras cuánticas[4] que eliminen totalmente cualquier incertidumbre.

---

3 Bit es el acrónimo Binary digit ('dígito binario'). Un bit es un dígito del sistema de numeración binario. Las unidades de almacenamiento tienen por símbolo bit.
4 La computación cuántica es un paradigma de computación diferente al concepto de la computación clásica. Se basa en el uso de qubits en lugar de bits. Da cabida a nuevas puertas lógicas que harán posibles nuevos algoritmos. Un qubit o cubit (del inglés quantum bit, bit cuántico) es un sistema cuántico con dos estados propios y que puede ser manipulado arbitrariamente.

Mientras tanto, debemos convivir con la incertidumbre. Pero, por muy complejos que sean los sucesos o eventos, se fundamentan en la información. La vida misma se fundamenta en la información. El código genético, el ADN, presente en cada célula del cuerpo no es nada más que una secuencia de instrucciones básicas para un organismo, esto es pura información.

Hoy día, la física cuántica nos revela que las unidades fundamentales de la realidad están construidas de información, según la física cuántica una partícula no tiene una posición o una energía concreta **hasta el momento en que un observador la mide y entonces recibe la información de que la partícula está en un estado determinado.**

Según algunos científicos, como la materia y la energía no tienen una existencia independiente y anterior a la observación, toda la física cuántica se fundamenta en la información. Ejemplo el entrelazamiento[5] se puede interpretar como un intercambio de información entre dos partículas.

La cuántica es la teoría más fundamental de la naturaleza, en consecuencia **el componente esencial de la realidad sería la información, no la materia ni la energía.** La centralidad[6] de la información en todos los fenómenos naturales y sociales sería el reflejo de esta verdad, pero a una mayor escala y mucho más profunda.

Las unidades fundamentales de la realidad, las que lo componen todo a nuestro alrededor, no son los fragmentos de energía o de materia. Sino, las unidades de información. En la mecánica cuántica no se puede decir que algo existe a menos que se haya realizado una medición.

---

[5] El entrelazamiento cuántico (Quantenverschränkung, originariamente en alemán) es una propiedad predicha en 1935 por Einstein, Podolsky y Rosen en su formulación de la llamada paradoja EPR.
6 En la teoría de grafos y análisis de redes la centralidad se refiere a una medida posible de un vértice en dicho grafo, lo cual determina su importancia relativa dentro de éste.

ESTADÍSTICA PARA CONSTRUCTORES

En estadística es igual, no podemos pensar que los eventos o sucesos se dieron hasta que no se hayan realizado mediciones, estas mediciones las realizamos para reducir nuestra inseguridad, nuestras incertidumbres. En la industria de la construcción no se debe actuar bajo la influencia de concepciones premonitorias, nuestros pensamiento no son proféticos. Nuestras concepciones y nuestros pensamientos deben trascender, deben sujetarse a los resultados obtenidos mediante aplicación de las ciencias.

Es impreciso expresar que una obra de un proyecto de construcción se concluirá en 100 días y se obtendrán utilidades "u". Esto no se puede afirmar hasta tanto no se realice una predicción y se haya también realizado un pronóstico (se haya realizado una medida) fundamentado en la Estadística para corroborar todo supuestos. Aun procediendo con métodos estadísticos no conoceríamos con precisión ambos valores, solamente obtendríamos estimaciones.

También resulta incorrecto, lógica y experimentalmente, hablar de la posibilidad de la finalización de una obra en un tiempo "t" y con un presupuesto "p"; con independencia de nuestra capacidad para confirmarlo experimentalmente.

La confirmación del tiempo "t" y del presupuesto "p", solamente es posible realizarlo mediante la Estadística; la cual nos permitirá llevar a cabo estas tareas con la menor cantidad de errores sistemáticos posibles.

Los sucesos o eventos relacionados con el costo y tiempo, son sucesos o eventos que se dan dentro de la industria de la construcción. No son sucesos asilados ni al margen del giro fundamental de ésta industria, son sucesos o evento para los cuales se requieren y se buscan soluciones efectivas para tomar decisiones.

Por tanto, es imprescindible y fundamental que nuestras interacciones estén acorde con el conjunto de todos los elementos que constituyen y rodean a la industria de la construcción, para facilitar la obtención de las unidades de información o unidades de estudios que surjan durante todos los procesos constructivos.

Debemos ser capaces de aprovecha eficientemente todo cuanto nos rodea, tal como lo hacen otro seres vivos de otras especie. En la naturaleza encontramos abundantes evidencias del buen aprovechamiento que hacen otros seres vivos del medio que les rodea.

Esto lo observamos en fenómenos cuánticos macroscópicos, tales como la fotosíntesis llevada a cabo por las plantas al convertir el 98% la luz solar en energía. Las placas solares más eficientes construidas por el hombre solamente convierten un 20% de la luz solar en energía. Las plantas en este sentido, son 4.9 veces más eficientes que el hombre. Convierten el 98% de la luz solar en energía, el hombre solamente alcanza una eficiencia de un 20%.

También, ciertas aves utilizan el campo magnético terrestre para orientarse, haciéndolo muy eficiente. Esto se explica a través de los fenómenos cuánticos. Si se dan en la naturaleza fenómenos cuánticos macroscópicos, es posible que el ADN o las neuronas del cerebro humano también experimenten esté tipo de fenómenos.

Si en general existen sistemas cuánticos macroscópicos que aprovechan eficientemente todo lo que les rodea, todo lo que les circundan. Los Constructores, Gestores de Proyectos y Superintendentes de Obras, deberían emular estos hechos. No debería inquietarles la incertidumbre. Debería aprovechase esta condición o estado en cualquier situación, en cualquier suceso y evento que se dé dentro de la industria de la construcción. Para, obtener unidades de información o unidades de estudios, que les brinde datos suficiente para procesarlos estadísticamente, que permita obtener información que contribuya a reducir la incertidumbre cuando se deba tomar decisiones.

La presencia de la información en todos los aspectos de la vida y la sociedad, se fundamenta en los mecanismos cuánticos básicos. Todo lo que existen en el universo, hasta el átomo más diminuto y las mismas galaxias contiene información. El universo es un enorme ordenador cuántico que procesa la información que reside en este.

La comprensión de la realidad, nos permitirá librarnos del determinismo[7], librarnos de un futuro ya conocido. Es la incertidumbre y la aleatoriedad lo que nos permitirá ser más eficaces en un mañana, o en un futuro más lejano. El futuro no está predeterminado, está abierto. Lo que sabemos de la realidad es que es incierta, pero esta incertidumbre nos hará cambiar mañana y seremos un tanto más eficientes y eficaces. Tal como lo hacen las plantas que convierten el 98% de la luz solar en energía.

1.4. ¡Desperdicios de construcción, o dinero!

Se llama desperdicio a cualquier ineficiencia, deficiencia o insuficiencia que presente el hombre en el uso o utilización de equipos, materiales, trabajos, o recursos financieros.

Cuando los citados recursos son usados o utilizados en cantidades innecesarias para llevar a cabo procesos de construcción de una obra, o llevar a cabo la construcción de conceptos de obras. Se están desperdiciando estos recursos. Se está tirando al cesto de la basura dinero.

El término desperdicio incluye tanto la incidencia de materiales perdidos, como la ejecución de los trabajos innecesarios o mal

---

[7] El determinismo es una doctrina filosófica que sostiene que todo acontecimiento físico, incluyendo el pensamiento y acciones humanas, están causalmente determinados por la irrompible cadena causa-consecuencia. Por tanto, el estado actual "determina" en algún sentido el futuro.

logrados en un proceso de construcción. Estos desperdicios originan costos adicionales y no agregan valor al producto final, no agregan valor a las obras de construcción.

Originar o generar costos adicionales o superfluos para un proyecto de construcción sin generar valor de uso o valor de mercado, es la base o fundamento del concepto de desperdicio.

En los proyectos de construcción de obras civiles se distinguen dos tipos de desperdicios, un desperdicio que se le denomina **inevitable**.

Y otro llamado **evitable**. Ambos desperdicios generan costos adicionales a las obras de construcción sin agregar valor alguno. Ver ilustración 1.4-1.

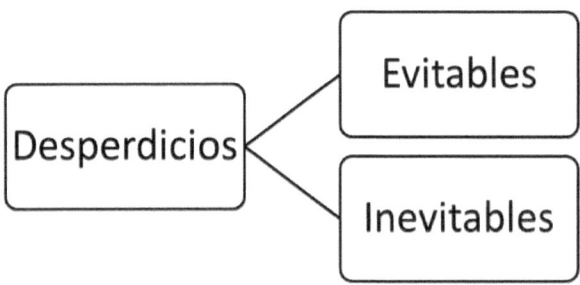

Ilustración 1.4-1

El desperdicio inevitable: es aquel desperdicio que no agrega valor a las obras y que el costos de inversión para evitarlo es mayor que la economía que podría producirle a un proyecto de construcción.

El desperdicio evitable: es aquel desperdicio que no agrega valor a las obras y cuyo costo para evitarse es mucho menor que el valor del costo de este desperdicio.

La proporción o valor de los desperdicios, inevitables y evitables, que debe asumir un proyecto de construcción; dependerá del tipo o modelo de proyectos a construir, y de las políticas presupuestaría y de operación de las empresas que existen en la industria de la construcción.

El desperdicio está asociado directamente al desarrollo tecnológico adquirido por las empresas constructoras. A mayor desarrollo tecnológico menores serán los desperdicios producidos durante la ejecución de los proyectos de construcción.

El desperdicio puede reducirse y evitarse. Para reducir o evitar el desperdicio en los proyectos de construcción, se requiere implementar un Control Industrial. Se requiere implementar verdaderos sistemas de monitoreos y seguimiento de los proyectos, se requiere aplicar procesos Estadístico que permitan cuantificar los valores o porcentajes de desperdicios y los impactos económicos que estos producen en los proyectos. Se requiere definir cuanto desperdicio está dispuesta la empresa constructora aceptar.

Es mediante la aplicación de métodos Estadístico que Constructores, Gerentes de Proyectos y Superintendentes de Obras tienen efectivo control de los desperdicios que se generan a través de los procesos constructivos.

Es mediante la aplicación de métodos Estadísticos que se obtendrá información clara, veraz y útil. Información necesaria para hacer eficiente y eficaz la Gestión de Proyectos. Información que evite llevar dinero al cesto de la basura.

1.5. Los cerramientos generan gran cantidad de desperdicios

En la industria de la construcción los cerramientos con mampostería constituyen en promedio el 11.78% del valor total de las obras del proyecto. Los porcentajes promedio de desperdicios que se obtienen cuando se construyen obras de mampostería en un proyecto ascienden a 27.66%.

De manera tal, que un proyecto con un valor de 2 millones de dólares, las obras de mampostería tendrían un valor de $ 235,600 dólares y el valor de los desperdicios ascenderían a $ 65,166.96 dólares. Este valor es muy significativo pues constituye el 3.26% del valor total del proyecto, valor muy cercano a las utilidades media con que se proyectan las obras de construcción.

El conocimiento generalizado que poseen los constructores del proceso constructivo de paredes de mampostería mediante bloques de cemento o bloques de arcilla es limitado, estadísticamente hablando.

Este proceso constructivo produce cantidades significativas de desperdicios de materiales, mano de obra, recursos financieros y horas de ocios en los equipos de construcción. Estos sucesos o eventos aún no han sido lo suficientemente estudiado de manera tal que los Constructores puedan introducir mejoras significativas que reduzcan estos desperdicios.

Desperdicios que al no ser controlados por los Gestores de Proyectos estadísticamente, repercuten o redundan en mayores costos de construcción, reduciendo así con ello significativamente las utilidades marginales de los proyectos.

Como un ejemplo evidente de lo que ocurre con los cerramientos de mampostería, les describo con un ejemplo de cerramiento con mampostería, seis de los principales rubros que intervienen en estos proceso constructivos, y los porcentajes de desperdicios que se obtuvieron mediante análisis Estadísticos:

1. **Materiales de cerramiento tal como bloques de cemento o de arcilla:** Cuando se utilizan bloque estándar de cemento de 15x20x40 centímetros o bloques (ladrillos) de arcilla de 7x12.5x30 centímetros el desperdicio oscila en un **29.65% por m², ±2.7.**

2. **Cemento**: El cemento alcanza desperdicio hasta de un **9.72% por m², ±1.8.**

3. **Arena,** cumple la norma C-33 de la ASTM (Origen Cerro Motastepe, ubicado en Managua, Nicaragua): Registramos desperdicios de arena hasta en un **59.4% por m², ±4.1.**

4. **Mano de obra:** Se registran valores de desperdicios por mano de obra hasta de un **27.9% por m², ±3.2.**

5. **Agua:** Los reportes de desperdicios de agua registran valores hasta de un **16.2% por m², ±5.25.**

6. **Transporte interno (acarreos):** El transporte o acarreo interno se incrementa sobre los valores efectivamente necesarios hasta en un 23.1%, ±3.2.

Si los Constructores, Gestores de Proyecto y Superintendentes de obras pudieran disponer de esta información antes de ejecutar un proyecto de construcción donde haya mampostería, seguramente podrían reducir los costos de construcción e incrementar significativamente las utilidades.

1.5.1. Porcentajes de desperdicios

Es una práctica común en el sector de la construcción incluir los desperdicios de materiales, mano de obra y horas de equipos en el costo de construcción, por lo que si redujeran estos desperdicios, se reduciría los costos de construcción y por tanto la competitividad de la empresa. También, se incrementarían las utilidades marginales.

Es por ello, que resulta imperativo para Constructores, Gestores de Proyectos y Superintendentes de Obras, utilizar la Estadística para determinar los porcentajes de desperdicios más apropiados para un proyecto de construcción o una empresa constructora.

1.5.2. Como obtienen los constructores los % de desperdicios

Actualmente, ¿cómo los constructores están obteniendo los valores de desperdicios?. ¿será que los constructores están llegando a resultados similares al descrito en la sección precedente?, ¿será que el procedimiento que emplean los constructores, es acertado y carente de error?.

Estas preguntas las respondemos con una tríada de afirmaciones que se cimientan en la praxis e investigaciones efectuadas por el autor en el sector construcción:

a- Únicamente el 29.35% (± 2) de las empresas constructoras que operan en el mundo tienen en sus registros índices de desperdicios.
b- Cuando un departamento de presupuesto de una empresa constructora requiere un índice de desperdicio para aproximar su presupuesto durante la fase de licitación, este índice es asumido por quien presupuesta.

c- Un modelo heurístico, común, utilizado por algunos constructores que disponen de indicadores es el que se describe a continuación:

1. Definir el tipo de pared de mampostería (bloques de cemento, bloques de arcilla, etc)

Se definen antes de iniciar el proceso constructivo de paredes de mampostería, que tipo de mampostería se construirá. Si se utilizarán bloques de cemento, bloques de arcilla o de toba volcánica. Que materiales se utilizarán para las juntas y los espesores de estas juntas.

2. Calculo de los volúmenes de materiales por m² que quedarán incorporados en la obra piloto

Una vez definido el tipo de mampostería, efectúan un cálculo mesurado de cada uno de los materiales que quedarán incorporados en un metro cuadrado de pared de mampostería.

El método para realizar este procedimiento se fundamenta en una prueba piloto de construcción de una pared de mampostería localizada entre ejes longitudinales y transversales de la obra. Aquí efectúan simultáneamente un cálculo de cada uno de estos materiales para el área representativa de todo el proyecto donde se construirán las paredes de mampostería. Obtienen el cociente entre la cantidad de materiales usados y el área de la pared piloto para todos los materiales que intervinieron en la construcción piloto.

3. Cuantificar las cantidades de materiales que efectivamente se utilizaron para realizar la obra en la prueba piloto

Llevan a cabo, antes de efectuar la construcción masiva de todas las paredes de mampostería, una cuantificación de todos los materiales que fueron despachados por bodega para la construcción de la pared piloto.

4. Cálculos de los materiales que se utilizaron en exceso

Calculan los materiales que fueron utilizados en exceso. Esto lo realizan mediante una diferencia de los materiales previamente calculados (paso 2) y los materiales que efectivamente despacho bodega (paso 3) para la construcción de la pared piloto.

5. Calcular los porcentajes de desperdicio de materiales

Finalmente con las diferencias obtenidas en el paso número 4 obtienen los porcentajes de materiales de desperdicio. Encuentran el cociente de las cantidades de materiales en excesos y las cantidades de materiales que efectivamente quedaron incorporados en la pared piloto.

Los cocientes así encontrados los multiplican por 100, constituyendo con ello los porcentajes o indicadores de desperdicios que tendrían en sus proyectos para la construcción de paredes de mampostería.

Tal procedimiento no es incorrecto, sino que no tiene fundamento científico, no es verificable y por tanto es muy poco confiable y útil. Esto debe hacer reflexionar al Constructor sobre el uso de la Estadística.

1.5.3. Como deben obtenerse los valores de desperdicios

Una buena práctica para, Constructores, Gestores de Proyectos y Superintendentes de Obras, es utilizar la Estadística para obtener los porcentajes de desperdicios.

Estos valores o porcentajes de desperdicios se obtienen a partir de estudio Estadísticos denominados incidencia o prevalencia.

Los estudios de prevalencia o incidencia, son estudios de caracterización estadística de las unidades de estudio perteneciente a una población estadística o de una muestra determinada. Caracterización que es dada en un período y proyecto localizado geográficamente.

La incidencia es un estudio observacionales, prospectivo, longitudinal y descriptivos. Los estudios de prevalencia son estudios, observacionales, retrospectivos, transversales y descriptivos.

Estos estudios tienen el propósito describir frecuencia y/o promedios de las variables de estudios. En el caso de los desperdicios de materiales, tienen el propósito de obtener la proporción o porcentajes de los recursos mal utilizados y mal logrados en la construcción de una obra. Ejemplo: 21.65% (±2.1) es la incidencia del desperdicio en un proyecto de construcción vertical mediante paredes de mampostería con bloques de cemento de 6"x8"x16" en Chontales, Nicaragua.

Los estudios de prevalencia e incidencias llevados a cabo sobre una población estadística se reduce la posibilidad de ocurrencia de errores de muestreo. Por tanto, son estudios más exactos que si los estudios se realizaran sobre una muestra.

En general no existen razones para no realizar estudios de incidencia y prevalencia de los desperdicios de construcción para un concepto de obra o para el proyecto en general. Estos estudios pueden realizarse de forma mensual durante la vida del proyecto, para ello solamente deberá tenerse la asistencia de software estadístico (SPSS, RapidMiner, etc).

Los estudios de incidencia y prevalencia pueden durar el tiempo que dura la ejecución del proyecto. Si los Constructores estuvieran interesados en valores de desperdicios para ciertas obras, pueden tomarse muestras de la población de las unidades de estudios o variables de estudios que se deseen medir. Utilizar métricas, para medir el desperdicio y realizar una estimación Estadística del valor de los desperdicios cuando el estudio se realice con una muestra. O, calcular los parámetros cuando se trabaje con la población estadística.

Las estimaciones Estadísticas son más exactas que los procedimientos empleados por los constructores para determinar los desperdicios de construcción. Estas estimaciones, ayudarían al Constructor a tomar decisión sobre bases científicas. Permitiría a los Constructores, disponer de información para realizar otros estudios Estadísticos tales como, estudios de factores de riesgos para el proyecto, estudios de monitoreos y seguimiento, estudios previsionales y estudios aplicativos.

Es momento para que los profesionales del sector construcción dejemos a un lado al empirismo[8], dejemos de un lado los métodos heurísticos para aproximase a la realidad, para aproximarse a soluciones objetivas. Solamente con la aplicación de métodos Estadísticos, podemos acercarnos a la realidad y a un costo mucho menor, a un costo que redundará en un incremento de los márgenes de utilidad.

Sin la utilización de la Estadística no es posible esta cercanía, lo único que alcanzarían los Constructores, es en mayores erogaciones y costos, en incurrir en un costo superfluo de 3.26% por

---

[8] El empirismo es una teoría filosófica que enfatiza el papel de la experiencia y liga la percepción sensorial a la formación del conocimiento. Para el empirismo más extremo, la experiencia es la base de todo conocimiento, no sólo en cuanto a su origen sino también en cuanto a su contenido. Se parte del mundo sensible para formar los conceptos y éstos encuentran en lo sensible su justificación y su limitación.

desperdicio, tal como el que se describió en el epígrafe 1.5 de este libro.

1.6. El f´c del hormigón es una variable continua

Uno de los materiales más comunes que se emplean en la industria de la construcción es el hormigón. A pesar de ser uno de los materiales más empleado por los Constructores, Gestores de proyectos y Superintendentes de Obras. No disponen de la información necesaria relacionadas con el hormigón para tomar decisiones efectivas que definan con mayor precisión los presupuestos. No disponen de la información necesaria durante la fase de licitación, al momento de presupuestar proyectos en los que emplearán estos materiales.

Es por ello que presentamos en este parágrafo un ejemplo de cómo aplicar la variable f´c para definir un intervalo de confianza.

1.6.1. ¿Qué tipo de variable es f´c?

La resistencia a la compresión del hormigón f´c (concreto simple) es una variable continua, puesto que no está restringida a tomar valores de 2,000, 3,000 ó 4,000 psi (140, 210 o 280 kgs/cms^2) como suelen preceptuarse en las especificaciones técnicas de los proyectos de construcción de obras civiles.

La variable resistencia a la compresión, puede tomar valores de 145.5 kgs/cms, 150.2 kgs/cms^2, etc, valores comprendido entre 140 y 210 kgs/cms. Valores comprendidos entre dos valores extremos observables.

Para efectos prácticos de construcción en las especificaciones técnicas de un proyecto, debería preceptuarse un valor de la resistencia a la compresión que demande éste. Además suministrar el intervalo de confianza en el cual deba estar comprendido la resistencia a la compresión del hormigón.

Esto implica definir los valores máximos y mínimos que el contratante está dispuesto a aceptar como valores último de la variable resistencia a la compresión del hormigón.

La variable resistencia a la compresión f´c para el hormigón puede tomar infinitos valores entre dos valores observables. Por tanto, la variable resistencia a la compresión de un espécimen de concreto simple **es una variable continua** y nunca debe considerarse una variable discreta.

1.6.2. Utilización de la variable que es f˝c

En la cotidianidad del trabajo en las obras de construcciones civiles, los profesionales de la construcciones tratan con uno de los materiales más comunes utilizado en obras verticales, este material es el hormigón o concreto simple.

En construcciones de uno a tres niveles el uso del hormigón suele ser de 0.32/m² m³ en promedio. Alcanzando un valor hasta de $ 48.64/m² correspondiente en general al 9.4% del valor total de las obras.

Este porcentaje de 9.4% del valor total de una obra, es significativo. Por tanto, el hormigón es un material básico para construir obras verticales, es una variable que debe observarse continuamente durante la ejecución de las obras que contengan hormigón.

Debido a que éstas variables, adquieren valores cercano a la décima parte del costo de los proyectos de las construcciones verticales.

ESTADÍSTICA PARA CONSTRUCTORES

Abordamos, en este parágrafo, una de las propiedades o atributos que tiene la variable hormigón o concreto simple.

Dentro de este contexto, y al tenor de la variable hormigón, respondamos las preguntas que formulamos en el párrafo siguiente.

¿Para qué es útil en el ámbito de la Gestión de Proyectos de Obras Civiles saber qué tipo de valores toma la variable "resistencia a la compresión del hormigón"?. ¿el conocimiento de que f´c es una variable continua producirá economía en un proyecto?. ¿Durante el proceso de elaboración de los presupuestos se debe considerar el atributo o propiedad de continuidad de la variable hormigón?.

Bien, la propiedad de continuidad del valor de f´c es *muy útil tanto para propósitos, técnicos, estadísticos y económicos. Ver figura No. 1.6.2-1.*

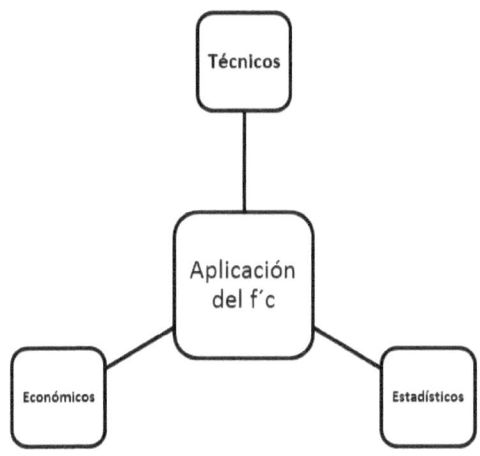

Ilustración 1.6.2-1

En el campo o ámbito técnico, la información de continuidad de la variable f´c, está estrechamente relaciona con las especificaciones técnicas del proyecto. Por ejemplo, si se interpreta que las especificaciones preceptúan valores medios de $f'c$, podrían cometerse errores en las lecturas de certificaciones de coladas con hormigones que no alcanzan el $f'c$ especificado, podrían producirse atrasos en el desarrollo de las obras por incumplimiento de valores de $f'c$ contenido en las especificaciones, podrían generarse conflictos legales por incumplimiento de contratos, etc.

En el ámbito estadístico, el profundo conocimiento que se tenga de la continuidad de la variable $f'c$ del hormigón, se asocia con las predicciones y pronósticos. Para definir las previsiones, primeramente se debe realizar una predicción y un pronóstico. La predicción y el pronóstico, permitirá definir intervalos de confianza, cálculo de vida útil de herramientas y equipos, tiempo efectivo de duración de las obras, etc.

En lo que concierne al aspecto económico, el conocimiento que se tenga de las características de la variable $f'c$, y particularmente el conocimiento que se tenga del atributo "continuidad". Permitirá a los Constructores elaborar presupuestos más aproximados a la realidad, y por tanto más competitivos en la industria de la construcción. Esta información es utilizada en general para realizar previsiones presupuestarias. Deben preverse todas las contingencias posibles durante la elaboración del presupuesto, y durante la fase de planificación del proyecto.

Un análisis de las variables predictoras, y luego de haber realizado un pronósticos con la variable numérica continua "resistencia a la compresión del hormigón", necesariamente se concluye con la previsión de las contingencias posibles que puedan ocurrir en el proyecto de construcción durante la fase de ejecución de todas sus obras.

En este análisis, es sumamente imperativo conocer y saber aplicar en la fase presupuestaria y de planificación el atributo de continuidad de la variable resistencia a la compresión del hormigón. Ello permitirá a los Constructores o Gestores de Proyectos, definir los intervalos de confianza[9] en el cual al menos un 95% de las veces que se rompa un espécimen de hormigón su resultado se encuentre por encima del valor medio muestral. Y, un 5% de los especímenes que se rompan, estén cercano (pero nunca menor) al valor extremo que preceptúan las especificaciones técnicas del proyecto.

Este intervalo de confianza no tomará valores discretos tal como los que suelen describir las especificaciones técnicas de los proyectos de construcción.

El conocimiento de la continuidad de la variable f´c es tan imperativo para los Constructores, que sobre esta variable deberán tomar decisiones. Pero lo deben hacer con fundamento Estadístico, sobre si deben o no utilizar el valor de f´c preceptuado en la especificaciones técnica de los proyectos.

Si los Constructores utilizan el valor de f´c contenido en las especificaciones técnicas del proyecto para fabricar el hormigón o concreto simple, cometerían dos errores significativos que podrían repercutir en un incremento sustancial en los costos de construcción, o en un rechazo de las obras por parte de la Supervisión. Estos errores que cometerían los constructores son los siguientes:

1- **Error de consideración del valor medio muestral**: los valores $\bar{e}$ que resultan de las rupturas de especímenes de hormigón siguen un comportamiento "Normal". Por tanto, cumplen la condición de estandarización "Normal"

---

[9] En el contexto de estimación de parámetros poblacionales, un intervalo de confianza constituye un rango de valores (calculado en una muestra) en el cual se encuentra el valor verdadero del parámetro, este valor tendrá una probabilidad determinada. La probabilidad de que el verdadero valor del parámetro se encuentre en el intervalo construido se denomina nivel de confianza, y se denota 1-α. La probabilidad de equivocarnos se llama nivel de significancia y se simboliza α.

P(-1.96 < z < 1.96) = 0.95. Si la variable f´c=ē tiene un distribución normal, se cumple que:

$$\bar{e} - 1.95 \cdot s/\sqrt{n} < \mu < \bar{e} + 1.96 \cdot s/\sqrt{n}$$

Donde, "ē" es la resistencia media a la compresión del hormigón en la muestra, "s" es la desviación estándar muestral, μ es la media poblacional, "n" es el tamaño de la muestra. La ecuación es válida para "n" mayor de 30. Si es menor de 30 deberá seguirse la distribución t-student con n-1 grados de libertad.

Los valores indicados o preceptuado en las especificaciones técnica de un proyecto para la fabricación de hormigones o concreto simple, no son valores medios muéstrales.

Son valores metas prefijados durante el diseño estructural, es el valor que asumió el diseñador de la estructura. Es un valor que surge producto de un diseño de hormigón en el laboratorio, con propósitos de diseño de la estructura y no para la fabricación del hormigón que se utilizará en la construcción de esta estructura.

Para fabricar hormigones para la construcción de cualquier estructura, los valores de referencia deben ser valores medios muéstrales. Si no se adopta un valor medio muestral se cometería el "**Error de consideración del valor medio muestral**" debido a que ē tienen una distribuación "Normal".

Y con ello se estaría dando origen a potenciales incumplimiento de las especificaciones técnicas por desconocimiento del atributo continuidad del valor f´c que preceptúan las especificaciones técnicas de los proyectos.

2- Omisión del error estándar (SE): si el Constructor o Gestor de Proyecto, fabrica hormigón con proporciones de materiales que produzcan especímenes con un f´c igual al indicado en las especificaciones técnicas del proyecto. Estaría considerando a f´c como un valor medio muestral. Y por tanto, deberá asumir la existencia del error estándar SE, a causa que asume que la variable f´c tiene una distribución "Normal".

Ejemplo: si el valor especificado en el pliego base de condiciones para un hormigón fuera de 210 kgs/cms² y se fabricaron 200 m³ de hormigón. Y, después de romper 50 especímenes en el laboratorio se obtuvo un error estándar[10] de 4.70 kgs/cms².

No se debió fabricar hormigón con el valor de 210 kgs/cms². Debido a que el 95% de los especímenes rotos, produjeron un valor de f´c dentro del intervalo de confianza igual a (210-2*4.70 <μ< 210+2*4.70) = (205.30 kgs/cms²<μ<214.70 kgs/cms²).

Y ocurre que 16 especímenes produjeron valores comprendidos entre el intervalo (205.30 kgs/cms²<f´c). Intervalo que contiene valores menores que los 210 kgs/cms² preceptuado en las especificaciones técnicas del proyecto. Más aún, el 5% de los especímenes se sabía que producirían un valor, como en efecto lo produjeron, menores que (205.30 kgs/cms²<f´c).

---

[10] El error estándar (SE) es igual a se($\bar{x}$)=S/√n

No se debe fabricar hormigón con valores de las especificaciones técnicas, cuando se sabe que un 5% de las veces que se rompan especímenes, f´c será menor que (210-2*SE kgs/cms^2). Y un número de veces no determinado, f´c estará comprendida dentro del intervalo (210-2*SE<f´c).

De forma tal, que no se puede tomar a f´c de las especificaciones técnicas para la fabricación de hormigones o concretos simple, porque habrá un gran número de especímenes considerable que no cumplirán con las especificaciones técnicas del proyecto.

Ver la norma E2586 de ASTM, Práctica para calcular y usar estadísticas básicas y norma E2655 de ASTM, Guía para informar la incertidumbre de los resultados de pruebas.

A casusa del incumplimiento de las especificaciones técnicas, el Supervisor a cargo de cualquier proyecto de construcción rechazará todas las estructuras que se construyan con hormigón menor que el especificado, generándose con ello pérdidas económicas en el proyecto o potenciales conflictos contractuales.

1.7. Aplicar estadística para definir el valor de f´c

Utilizar los valores f´c que contienen las especificaciones técnicas de los proyectos conlleva a incumplir las propias especificaciones por obviar el concepto de media muestral y omitir los efectos del error estándar. En definitiva por no aplicar conceptos de estadística.

El camino más seguro y económicamente más rentable para fabricar hormigones para un proyecto, sin dejar de cumplir las especificaciones técnicas de éste, *es utilizar el valor de la especificación como un valor mínimo* y fabricar un hormigón

ESTADÍSTICA PARA CONSTRUCTORES

con una resistencia media mayor que 210 kgs/cms². Ejemplo: si se determina por laboratorio que para obtener el valor de 210 kgs/cms² (valor mínimo de especificación técnica) dentro de un intervalo de confianza al 95% y el error estándar se determina que es de 30 kgs/cms² para un valor medio de 270 kgs/cms².

Entonces lo técnico y económicamente más rentable para el proyecto de construcción, es fabricar un hormigón con un valor medio más dos desviaciones o errores estándares por encima del valor de la especificación. El valor de la variable resistencia a la compresión estará entonces comprendida en el intervalo (270-2x30 kgs/cms²)<f´c< (2x30 kgs/cms²+270). El intervalo de confianza al 95% será entonces de (210, 310) kgs/cms².

Cualquier espécimen que se fabrique tendrá un 95% de probabilidad de estar por encima del valor de 270 kgs/cms²; sin embargo, el 5% de especímenes fabricado estará con valores cercanos a 210 kgs/cms². Esto muestra que los valores finales tomados por la variable f´c, "resistencia a la compresión del hormigón", es continua y debe ser considera por los Constructores y Gestores de Proyectos de tal forma para evitar pérdidas económicas o perdidas de reputación.

En el campo técnico, cuando se solicita a un laboratorio de materiales de construcción diseñar una mezcla de hormigón (concreto simple) que se utilizara en una obra en particular, el laboratorio suministrará el diseño obtenido después de haber efectuado rupturas de varios especímenes de hormigón. Procesará estadísticamente sus resultados para determinar en general que el 95% de la resistencia obtenida con estos especímenes no sean menor que el valor de diseño requerido por las especificaciones del proyecto.

El Constructor o Gestor de Proyecto deberá solicitar también al laboratorio que le brinde los valores máximos y mínimos de resistencia a la compresión que tendrá el hormigón. Con ello se asegurará que el valor de resistencia a la compresión de la especificación esté comprendido dentro del intervalo de confianza que debería suministrar también el laboratorio.

Adicionalmente a la situación antes descrita, al momento de fabricar el hormigón en obra, las condiciones de fabricación podrían ser muy distintas a las condiciones de laboratorio **(para los casos en que el hormigón fuera a ser fabricado[11] en el proyecto)**; lo cual da lugar a que surjan otras variables que no fueron consideradas por el laboratorio ni están consideradas en el valor de resistencia a la compresión solicitadas en las especificaciones técnicas.

Por tanto, al fabricar el hormigón en campo deben considerarse dichas variables. Variables que por lo general obligarán al contratista a incrementar las cantidades de algunos materiales que entran en el proceso de fabricación del hormigón, particularmente el cemento. *Es aquí también, donde la continuidad de la variable "resistencia a la compresión del hormigón"* **debe tomarse en consideración** para no replicar la fabricación del hormigón exactamente con el valor discreto de diseño 2,000, 3,000 ó 4,000 psi (140, 210 o 280 kgs/cms²).

¿Con relación al hormigón, en el campo económico en qué consistirán las previsiones que deban hacerse para evitar impacto negativos en el costo del proyecto?.

Aunque en el diseño del hormigón o concreto suministrado por el laboratorio pueden hacerse ajustes en campo, situación que no sugerimos, para tomar en consideración todas las situaciones desfavorables que se presenten cuando se fabrique el hormigón o

---

[11] Un análisis estadístico de los tipos de obras que ejecutan revelan que un 53.2% corresponden a obras menores. Obras en los que el hormigón es fabricado in situ.

concreto. La experiencia nos indica que es mejor provisionar esta situación, y solicitar al laboratorio un diseño de mayor resistencia a la compresión que el preceptuado por las especificaciones técnicas.

Este incremento en la resistencia a la compresión oscilará entre un 10% a 16% y su costo deberá tomarse en consideración al momento de efectuar el presupuesto. **De ahí la importancia de conocer el tratamiento que se le brindará a la variable continua "resistencia a la compresión del hormigón".**

1.8. Medición: la solución para la Gestión de Proyectos

Es frecuente que los Constructores y Gestores de Proyectos se encuentre en la industria de la construcción con conceptos de obras cuyas unidades de medidas estén expresadas en forma: "global", "unidades", o simplemente una designación abreviada c/u.

Estos conceptos de obras por la poca claridad que expresan sus unidades de medidas, durante los procesos constructivos llevados a cabo en los proyectos, por lo general son generadores de fricciones y desacuerdos entre Gestores de Proyectos, Supervisores y dueños de proyectos.

Los conceptos de obras expresados en unidades discretas tales como "unidad", o "c/u" son válidos y consistentes con el concepto de variables objetivas individuales y numéricas. Por tanto, estos conceptos deben ser objetos de monitoreo y seguimientos estadísticos tal como se aplican a cualquier variable expresada en unidades del **Sistema Internacional de Medidas (SI**[12]**)**.

---

[12] El Sistema Internacional de Unidades (abreviado SI, del francés: Le Système International d'Unités), también denominado Sistema Internacional de Medidas, es el nombre que recibe el sistema de unidades que se usa en casi todos los países.

A los conceptos de obras expresados en unidades de medidas "global" no se les puede hacer monitoreo como si fueran variables objetivas, debido a que lo que se mide en las variables son sus dimensiones, y las dimensiones de estas variables no son físicas, sino lógica. A estos conceptos de obras o variables, se les debe medir y realizar monitoreo o seguimiento mediante el concepto de variables subjetivas.

Estas variables o conceptos de obras expresados en unidades de medidas "global", corresponde a un grupo de variables subjetivas cuyo valor final son números menores o iguales a 1. Y, se les debe medir y hacer monitoreo y seguimiento mediante instrumentos denominados constructos.

Los constructos son conceptos teóricos, son propiedades que tienen las personas o unidades de estudios, se definen como propiedades subyacentes porque no se pueden medir de manera directa. Requieren indicadores que corresponden a las dimensiones del concepto que se quieren medir.

Medir es realmente simple cuando se piensa en ello. *Si realmente es algo que existe, es importante, se puede observar y se puede definir se puede medir.* Incluso cualquier cosa con cualquier grado de incertidumbre que exista en la industria de la construcción es sujeta o susceptible de conceptualizarse y medirse como variables objetivas o subjetivas, numéricas o categóricas.

Para obtener información realmente significativa en la industria de la construcción, que reduzca tiempos, que haga sencillo los procesos de monitoreo y seguimientos, que facilite los procesos contables y financieros, que nos evite cometer el menor número de errores posible, se requiere disponer de variables y objetos de obras

---

Es el heredero del antiguo Sistema Métrico Decimal y por ello también se lo conoce como «sistema métrico», especialmente en las pocas naciones donde aún no se ha implantado el SI para uso cotidiano.

medibles expresado en unidades de nuestro Sistema Internacional Medidas (SI) o medibles mediante constructos.

Cuando los **Constructores y Gestores de Proyectos de obras civiles, pueden medir lo que piensan, pueden medir lo que trasmiten o hablan, y lo pueden expresar en términos numéricos,** lograran saber y entender más de las variables u objetos de obras de la cual están pensando o están hablando.

Cuando una variable u objeto de obras no se puede expresar en términos numéricos es necesario y conveniente encontrar la forma de cuantificarlas. Debe analizarse de que tipo de variables se trata, si es objetiva o subjetiva. Si es una variable numérica o categórica o si se trata de una variable determinista o estocástica. Es en base a medición que la ciencia ha alcanzado el desarrollo que hoy conocemos en el siglo XXI.

Cualquier variable u objeto de obras en la industria de la construcción se puede medir. Si una variable u objeto de obras puede ser observada en los procesos constructivos que se llevan a cabo en la industria de la construcción, la variable se presta o es susceptible de aplicársele algún método o proceso de medición. No importa qué tan difuso sea el resultado que se obtenga de la medición, el resultado será una medición *y dará más información a los Constructores y Gestores de Proyectos de lo que antes sabían de éstas variables u objetos de obras.*

Ciertas variables y objetos de obras en la industria de la construcción tienen probabilidades de ser consideradas **inconmensurable o intangibles**. Sin embargo, siempre es posible su medición.

Estas variables suelen ser muy utilizadas a menudo en la industria de la construcción por simplicidad; pero a pesar de su uso, son utilizadas sin una concepción correcta para su medición. Su uso de esta manera producen resultados confusos, producen problemas de monitoreo, fricciones entre Gestores de Proyectos y Supervisores y dueños de proyectos.

Estos dos conceptos "intangibles" o "inconmensurables" tienen las siguientes interpretaciones:

1- Intangibles: se aplica a las cosas u objetos de obras que, literalmente, no son tangibles tales como los objetos sólidos no palpables. Ejemplos: el tiempo, el presupuesto, la titularidad de la patente, son buenos ejemplos de cosas que no se puede tocar, pero todavía es posible realizar su medición de manera directa (variables objetivas).

2- Inconmensurables: se aplica a las cosas u objetos que son intangibles tales como derechos de autor, marca registradas, sistema de audio con parlantes empotrados en cielo de 50 W en canalización PVC de ½" con caja de 4" x 4" interconectadas entre sí, pruebas de obras sanitarias, etc.

Los constructores y Gestores de Proyectos están bien enterados de las existencias de conceptos de obras de esta naturaleza, tal conocimiento los hace considerarlas como **inconmensurables o intangibles**. Las consideran así debido a que carecen del conocimiento de las propiedades que encierran estos conceptos.

El desconocimiento de las propiedades de estos conceptos de obras hace que los Constructores y Gestores de Proyectos tengan una fuerte presunción de la inconmensurabilidad o intangibilidad.

Tan fuerte que no intentan por ninguna circunstancia hacer cualquier observación para intentar medir dichos conceptos de obras. Entre las muchas variables que se han considerados inconmensurables o intangibles en la industria de la construcción están las siguientes:

- ✓ Eficacia de la gestión de Proyectos.
- ✓ Índice de ingresos previstos para un próximo período.
- ✓ Impacto en la salud laboral de los obreros en un proyecto.
- ✓ La productividad de la investigación de la industria de la construcción.
- ✓ La flexibilidad para adoptar nuevos métodos constructivos.
- ✓ El valor de la información
- ✓ El riesgo de quiebra de la empresa o de un proyecto
- ✓ El riesgo de fracaso de un proyecto de tecnología de la información.
- ✓ La calidad
- ✓ La imagen corporativa.

Cada uno de estos ejemplos previamente citados puede ser de sumo interés para la toma de alguna decisión importante durante la ejecución de las obras de un proyecto de construcción. Incluso, ejemplos de esta naturaleza que se dan continuamente en la industria de la construcción, podría tener impactos importantes en el costo final de las obras ya sea porque incrementen el valor del contrato del proyecto o porque disminuyan este valor.

No obstante a la importancia que revisten estas variables, en diversas empresas constructoras y proyectos de construcción *por haberse considerado variables u objetos de obras inconmensurables o intangibles*, se tomaron decisiones ineficaces e inoportunas que produjeron perdidas millonarias a las empresas y proyectos.

Tal realidad pudo haber cambiado, o pudo haberse evitado si quienes tomaron decisiones en esas empresas, hubieran medido estas variables u objetos de obras.

Pero las circunstancias, solamente nos permiten ejemplificar con ello la trascendencia e importancia que tiene la aplicación de la Estadística en la industria de la construcción.

1.9. Donde aplicar Estadística

En general, todas las áreas de trabajo y especialidades de los proyectos de obras civiles en la industria de la construcción, son generadoras de variables que deben seguirse mediante procesos estadísticos. No obstante, a pesar de éste conocimiento los Constructores con alguna frecuencia han preguntado, **¿En qué áreas de la Gestión de Proyectos se debe aplicar Estadística?**.

Tal pregunta es muy inquietante y está divorciada de los preceptos básicos de la administración de proyectos de construcción. Debido a que, no se debe concebir la Gestión de Proyectos de obras civiles, sin una concepción estadística, sin formulación de hipótesis, sin análisis de riesgos estadísticos, sin relacionar y correlacionar variables, sin hacer predicciones y pronósticos, etc. No debe concebirse la Gestión de Proyecto como la gestión de procesos mediante modelos heurísticos.

La aplicación de la Estadística en la Gestión de Proyectos (construcciones de obras) no es un tema nuevo en la ciencia de la construcción. Sin embargo, a pesar de no ser un tema nuevo, en los proyectos de construcción de obras civiles se aplica muy poco estadística (29.3% de los proyectos ejecutados en el mundo han utilizado métodos estadísticos).

En general los Gestores de Proyectos trabajan a prueba y error, utilizan métodos heurísticos, utilizan el tanteo y las suposiciones. En general se utiliza estadística en la ejecución de grandes obras, en mega-construcciones. Emplean Estadística las corporaciones de construcción que existen en países desarrollados.

ESTADÍSTICA PARA CONSTRUCTORES

Los pensum académicos de los Arquitectos, Ingenieros Civiles y Técnicos en Construcción, contienen las materias de Estadística. Sin embargo, el contenido y la metodología con que se imparte esta disciplina en las Universidades no se corresponde a los conocimientos demandados por la Gestión de Proyectos de construcción de obras civiles.

Es por ello que los egresados y profesionales de la construcción no utilizan Estadística en el área de Gestión de Proyectos de construcciones civiles. La estadística por lo general es utilizada por algunos Ingenieros, para realizar diseños de hormigones u otros tipos de mezclas, y para el control de calidad de estos materiales así como también, la del acero para refuerzos.

Las causas por las cuales no se aplica estadística para la Gestión de Proyectos es un tema que abordaremos en párrafos sucesivos. Pero la utilización de la Estadística Analítica e Inferencial para la administración de proyectos de construcción es un tema apasionante. Es una herramienta cuya aplicación no debería encerrar dificultades para los profesionales de la industria de la Construcción, debido a que los pensum académicos para la formación contemplan esta materia.

La aplicación de la Estadística en la Gestión de Proyectos de construcción, requiere conocimientos sobre metodología de la Investigación Científica, Gestión de Proyectos, diseños de estudios de investigación, diseños de estudios experimentales.

Requiere un dominio solido sobre variables analíticas, conocimiento de las dimensiones de las variables, conocer los tipos de muestreo estadístico y no estadístico, conocimiento de conceptos estadísticos en general y capacidad para realizar análisis estadístico mediante software tales como SPSS, RapidMiner, etc.

Entre las áreas más sensibles donde los Constructores, Gestores de Proyectos y Superintendentes de Obras deben emplear y aplicar Estadística están: presupuesto, logística, Gestión de Obras y Administración Central. Ver ilustración 1.9-1.

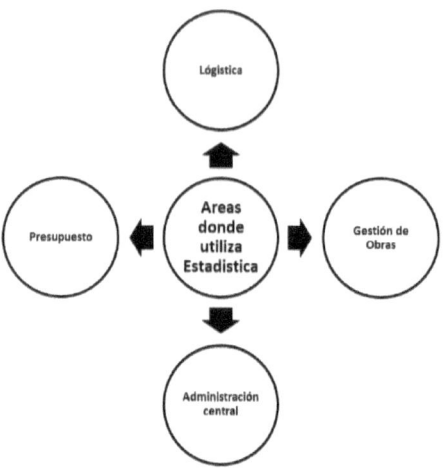

Ilustración 1.9-1

Son cuatro las área donde emplear Estadística. En cada una de ellas, la Estadística debe ser utilizada para coadyuvar a los procesos para la:

- Administración de los recursos humanos.
- Administración de la nómina.
- Administración de los equipos.
- Maximización de los costos marginales.
- Control del acarreo interno.
- Administración de los tiempos de ciclos.
- Administración de los desperdicios.
- Pronósticos de tiempos de ciclos y/o de procesos.
- Pronósticos de costos.
- Administración de riesgos.

- Administración de los costos superfluos

Cada una de las áreas de la Gestión de Proyectos de construcción citadas como susceptibles donde aplicar Estadística, está intrínsecamente relacionada con los costos de construcción y los tiempos de ejecución de las obras. Por tanto, comenzar a utilizar y emplear Estadística en cada una de las cuatro áreas de la Gestión de Proyectos se torna imprescindible e impostergable. Si es que se pretende reducir costos, optimizar la calidad de las obras, redituar la construcción, o maximizar la utilidades de los proyectos de construcción.

Adelante Constructores, los animo para que de inmediato comiencen a aplicar estadística en la Gestión de los Proyectos de Construcciones Civiles. El uso de esta potente herramienta tornara eficiente y eficaz la Gestión de Proyectos. ¡Buena Suerte!.

CAPITULO

CONCEPTOS ESTADÍSTICOS APLICADOS A LA CONSTRUCCIÓN

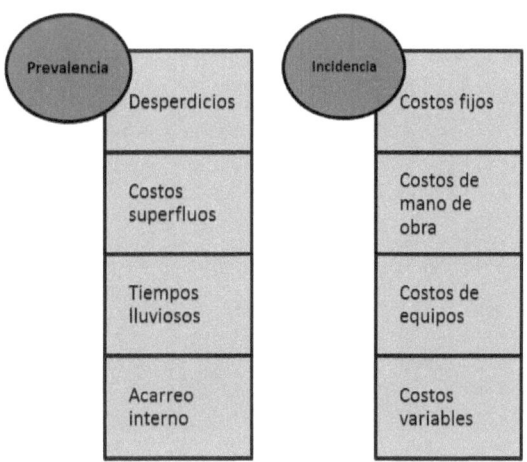

"La vida sería intolerable si los fenómenos ocurrieran al azar de una forma completamente impredecible y carecería de interés si, en el otro extremo, todo fuera determinista y completamente predecible."

Radhakrishna Rao

2. CONCEPTOS ESTADÍSTICOS APLICADOS A LA CONSTRUCCIÓN

2.1. Qué es la Gestión de Proyectos de Obras de Construcciones Civiles

La Gestión de Proyectos de obras civiles es una disciplina de probabilidades y un arte de manejar la incertidumbre. Dicha incertidumbre se extiende no sólo a las actividades de presupuestos, planificación, predicciones, pronósticos y previsiones de eventos que ocurrirán durante la fase de ejecución de las obras; sino también, a las actividades diagnósticas.

La gestión de proyectos también conocida como gerencia o administración de proyectos es la disciplina que guía e integra los procesos preceptuados por Henrry Fayol[13], planificar, organizar, mandar, coordinar y controlar (organizar talentos y administrar recursos materiales, técnicos y financieros).

Mediante los cinco procesos descrito por Fayol, los Constructores llevan a la práctica todo los trabajos contenidos en el pliego de licitación, en un contrato y en una lista de obras para dar origen a una nueva obra de construcción, o una estructura que brindará servicios al hombre o a la sociedad.

Mediante la Gestión de Proyectos se llevan a cabo las actividades de planeamiento, la organización, la motivación hacia los recursos

---

[13] En el libro "Administatrion industrialle et générale", 1916.

humanos y el **control de los recursos** con el propósito de alcanzar uno o varios objetivos dentro del proyecto. Objetivos tales como cumplimiento de los alcances constructivos del proyecto, límites de tiempos, y costo previamente definidos. Objetivos que deberán lograrse sin generar estrés y bajo un buen clima organizacional e interpersonal que permitirán generar motivación a los recursos humanos para emprender otros proyectos.

La Gestión de Proyectos requiere de liderazgo para liderar los talentos, evaluar y regular continuamente las acciones necesarias y suficientes que permitan la ejecución del proyecto de forma eficaz y eficiente.

La Gestión de Proyectos de construcción demanda de los profesionales que la practican desarrollo de habilidades técnicas, pericias particulares y sólidos conocimientos en las áreas de Matemática, Física, Estadísticas y de Estrategias muy particulares. Pero por sobre todo demanda de profesionales motivadores, capaz de escuchar a los empleados[14] y con deseos de servir a los clientes de verdad.

Un Gestor de Proyecto es como un deportista de decatlón el cual debe ser excelente para desarrollar diez disciplinas deportivas de forma sucesivas. Un buen Gestor de Proyecto debe conocer muy bien el decálogo del constructor, debe ser excelente para efectuar y realizar las 10 acciones siguientes:

- Saber ordenar las prioridades.
- Jamás delegar lo esencial.
- Exigir mucho.
- Saber actuar rápido.
- Estar bien informado

---

[14] Cinco preguntas a Henry Mintzberg.
http://republicaempresarial.blogspot.com/2010/12/una-vision-critica-y-constructiva-de.html.

- Adquirir compromisos.
- No ocuparse de lo imposible.
- Saber perder.
- Saber ser justo y decidido
- Disfrutar y gozar del trabajo.

Ver la ilustración 2.1-1 que muestra el Decálogo del constructor.

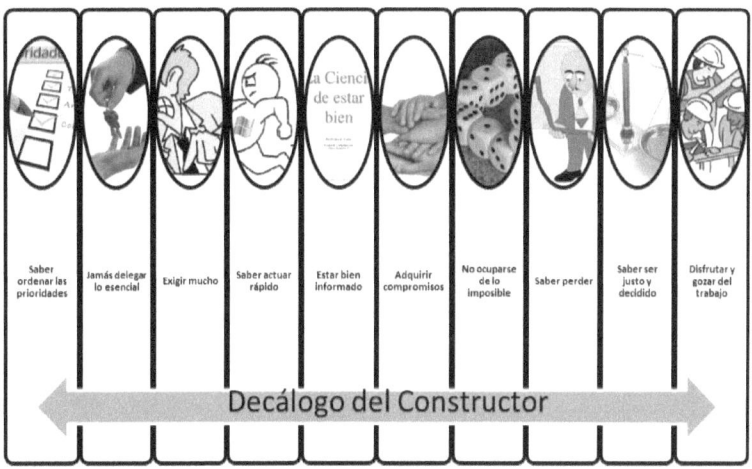

Ilustración 2.1-1

2.1.1. ¿Qué es un proyecto de construcción?

Un proyecto de construcción de obras civiles, es un emprendimiento de carácter temporal diseñado para producir un único producto, un único servicio o resultado.

Tiene como características principales tres variables muy significativas denominadas **máximas de la construcción, tiempo, costo y calidad**. Es un emprendimiento para alcanzar objetivos únicos que dan lugar a cambios positivos o la generación de valores económicos[15] dentro de la sociedad.

La naturaleza temporaria de los proyectos de obras civiles se contrapone con las operaciones de servicios y de producción que realizan otras organizaciones o agentes corporativos desvinculadas del sector construcción.

En estas últimas organizaciones las actividades funcionales y operativas son repetitivas, cíclicas o estacionales las que dan origen a diversos productos similares entre sí.

En cambio, en los proyectos de obras civiles o proyectos de construcción el objetivo final es obtener **un producto único, un bien o estructura única** mediante actividades funcionales y operativas que pueden ser repetitivas, cíclicas o estacionales.

El producto único generado por un proyecto de construcción, se inicia con la concepción de la idea del proyecto. Luego se continúan realizando estudios previos o de viabilidad del proyecto, generándose abundante información técnica para dar paso a continuación al proceso de formulación del anteproyecto.

Finalmente se produce o se elabora el proyecto definitivo o proyecto de construcción, durante esta fase se producen los planos definitivos que darán origen al producto único.

Los proyectos de construcción son ejecutados por profesionales del sector construcción cuya naturaleza y formación es distinta a la de los profesionales que realizan Gestiones de Proyectos de otros sectores industriales.

---

[15] Valor de uso, valor de cambio o precio de mercado.

2.1.2. Pruebas diagnósticas

Hemos afirmado en párrafos precedentes que **la Gestión de proyectos es una ciencia de probabilidades y un arte de manejar la incertidumbre**. Dicha incertidumbre, se extiende desde las actividades preventivas, pronosticas y correctivas, hasta las diagnósticas. En las fases del proceso diagnóstico intervienen los registros presupuestarios y de concepción para la ejecución de las obras, la exploración física de materiales, las técnicas y procedimientos constructivos, la realización de pruebas técnicas complementarias, etc. Ver ilustración 2.1.2-1.

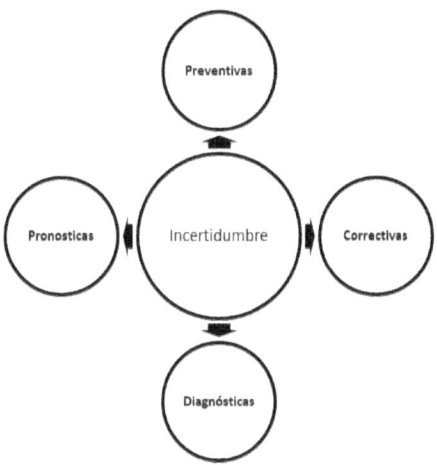

Ilustración 2.1.2-1

Las pruebas diagnósticas son aquellas pruebas llevadas a cabo por los Constructores, Gestores de Proyectos o Superintendentes de obras para discriminar materiales, procesos constructivos o sistemas de construcción que cumplan requerimientos y preceptos contenidos en los contratos y las especificaciones técnicas de los proyectos; discriminarlos de aquellos que no los cumplen.

Las pruebas diagnósticas pueden ser llevadas a cabos por laboratorios especializados, o pueden ser llevadas a cabo directamente por los Constructores, Gestores de Proyectos o Superintendentes de Obras.

Entre las pruebas diagnósticas llevadas a cabo por laboratorios especializados están las pruebas que se realizan al acero estructural, acero de refuerzo, hormigón, madera, láminas con galvanizadas, vidrio, polímeros, suelos, carpetas asfálticas, etc.

Las pruebas diagnósticas llevadas a cabo directamente por personal de Dirección de los proyectos, son todas aquellas actividades o proceso diagnósticos o de valoración de los eventos que tendrán lugar durante la ejecución de las obras de un proyecto de construcción.

En estas pruebas intervienen, la historia de los eventos u obras similares ejecutadas, la exploración de los nuevos eventos o actividades a ejecutar, registros de eventos adversos, procesos constructivos deficientes, etc.

Las pruebas diagnósticas se clasifican en precoz, diferenciales, funcionales e integradoras. Las pruebas diagnósticas precoz son aquellas que realizan los Constructores una vez que le han adjudicados un contrato de un proyecto a construir. Estas prueba diagnóstica tiene el propósito de discriminar y clasificar todos aquellos eventos que puedan tener efectos adversos en los costos, tiempo y calidad de las obras de construcción.

Las pruebas diagnósticas diferenciales, son aquellas cuyo propósito es discriminar y clasificar todos aquellos eventos o sucesos posibles que puedan incidir en las excelentes relaciones que deben existir entre Supervisión, Dueño del Proyecto y Constructor.

ESTADÍSTICA PARA CONSTRUCTORES

Las pruebas diagnósticas funcionales, son los procedimientos por medio del cual se identifican determinados malestares o afectaciones para el proyecto, síndromes, o cualquier situación o condiciones negativas que puedan afectar o afecten el buen desarrollo de las obras de construcción en el proyecto.

Las pruebas diagnósticas integradoras tienen como objetivos integrar todos los resultados obtenidos al poner en prácticas las pruebas diagnósticas.

Si solamente hay presunción o sospechas de eventos adversos o sucesos que requieren ser aclarados, las pruebas diagnósticas tratarán de aclararlas. Para ello se deberán realizar pruebas de sensibilidad, especificidad, valor predictivo positivo[16] y valor predictivo negativo[17].

Los valores predictivos (positivo y negativo) son índices que evalúan el comportamiento de la prueba diagnóstica en una población estadística con una determinada proporción de casos de eventos adversos para el proyecto por lo que sirven para medir la relevancia de la sensibilidad y especificidad en una determinada población estadística.

Las ecuaciones para el cálculo de estos índices predictivos positivos y negativos son las siguientes:

(VP+) = VP/(VP+FP)   (Ecuación 2.1.2.1)

(VP-) = VN/(VN+FN)   (Ecuación 2.1.2.2)

---

[16] Probabilidad de que exista una situación negativa o un evento adverso en el proyecto si el resultado de la prueba diagnóstica es positivo.
[17] Probabilidad de que exista una situación negativa o un evento adverso si el resultado de la prueba diagnóstica es negativo.

(VP+): Valor predictivo positivo.

(VP-): Valor predictivo negativo.

VP: Resultados de eventos positivos de las condiciones adversas

FP: Falsos positivos.

VN: Resultados de eventos negativos de las condiciones no adversas.

FN: Falsos negativos.

En términos estadísticos, las pruebas diagnósticas pueden explicarse mediante el teorema de Bayes. Este teorema expresa la probabilidad condicional de un evento aleatorio A dado B en términos de la distribución de probabilidad condicional del evento B dado A y la distribución de probabilidad marginal de sólo A.

En términos más generales y menos matemáticos, el teorema de Bayes tiene una gran relevancia puesto que vincula la probabilidad de que ocurra A dado que ocurrió B, con la probabilidad de B dado la ocurrencia de A.

En un buen sentido ingenieril, interpretamos el teorema de Bayes de tal forma por ejemplo, que cuando sabemos la probabilidad de tener pérdidas económicas en la etapa de cimentación de cierto proyecto, dado que se tienen pérdidas económicas en las excavaciones estructurales. Se podría saber (si se tiene algún dato más, por ejemplo la probabilidad de presupuesto deficientes en la empresa) la probabilidad de tener pérdidas económicas en las excavaciones estructurales cuando se produzcan perdidas económicas en la etapa de cimentación del proyecto.

Este ejemplo, muestra de manera sencilla la gran relevancia del teorema Bayes en la ciencia y en todas sus ramas. Ya que tiene vinculación íntima con la comprensión de la probabilidad de aspectos causales dados los efectos observados.

Un esquema de la prueba diagnóstica aplicando el teorema de Bayes se presenta en la ilustración 2.1.2-2.

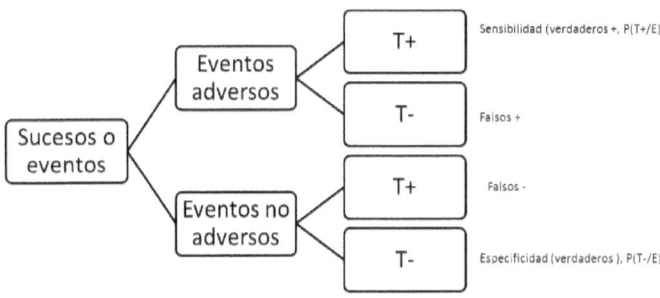

Ilustración 2.1.2-2

T+: Resultado positivos

T-: Resultados negativos

Cálculo de los valores predictivos a partir de la sensibilidad (SE), la especificidad (SP) y la prevalencia (P).

Valor predictivo positivo:

P(E/T+)= P(E∩T+)/[(P(E∩T+)+P(E∩T+)] = P*SE/[P*SE+(1-P)-(1-SP)]

Valor predictivo negativo:

P(E-/T-)= (1-P)*SE/[(1-P)*SP+(1-SE)*P]

2.1.3. Rol de la Ingeniería Civil y la Estadística en la Gestión de Proyectos

La Ingeniería Civil es el conjunto de conocimientos y técnicas científicas aplicadas a la creación de estructuras horizontales y verticales, necesarias para desarrollar el hábitat creciente de los seres humanos y la sociedad en que vive.

En las disciplinas de las ingenierías se emplean conocimientos de, cálculos, mecánicos, hidráulicos, químicos y estadístico para producir o generar diseños y construcciones de proyectos. Así como para realizar los mantenimientos de las infraestructuras emplazadas para confort del hábitat del hombre y la sociedad.

Estos emplazamientos[18] incluyen carreteras, ferrocarriles, puentes, canales, presas, puertos, aeropuertos, diques, acueductos urbanos y otras construcciones relacionadas.

La Ingeniería Civil en los últimos 1,200 años ha evolucionado significativamente dando lugar a subdivisiones en varias sub-disciplinas.

Estas sub-disciplinas incluyen a la, ingeniería ambiental, ingeniería sanitaria, ingeniería geotécnica, geofísica, geodesia, ingeniería de control, ingeniería estructural, mecánica, ingeniería del transporte, ciencias de la tierra, ingeniería del urbanismo, ingeniería del territorio, ingeniería hidráulica, ingeniería de los materiales, ingeniería de costas, agrimensura, **e ingeniería de la construcción**[19].

La Ingeniería de la construcción es también conocida como Gerencia de Construcción. La Gerencia de Construcción es ejercida por Gestores de Proyectos de Construcción. Estos son los responsables directos de realizar las estimaciones de costos y tiempos, así como de Gestionar y contralar la calidad de las obras.

Los Gestores de proyectos, estiman cuánto cuesta un proyecto, el tiempo que tomará realizar una obra, tramitan los permisos correspondientes antes de iniciar un proyecto, elaboran contratos

---

[18] Institution of Civil Engineers What is Civil Engineering. Consultado el 06 de Febrero de 2014
[19] Oakes, William C.; Leone, Les L.; Gunn, Craig J. (2001). Engineering Your Future. Great Lakes Press. ISBN 1-881018-57-1

entre subcontratistas del proyecto y el constructor, realizan inspecciones para corroborar que las construcciones se apegan a los planos y especificaciones del proyecto, realizan el calendario o programa de actividades por el cual se regirá el contratista para realizar la obra. Administran recursos humanos, materiales, equipos y recursos financieros.

Toda esta gama de actividades que realizan los Gestores de Proyectos de Construcción, no es posible realizarla de manera eficiente en el siglo XXI sin la utilización de la Estadística.

Una de las técnicas más comunes empleadas en el pasado y mediante la cual se desarrolló la Ingeniería de Construcción fue la "técnica de prueba y error"[20]. Con el desarrollo de las tecnología este procedimiento ya no es consistente ni fiable.

Esta técnica ya no es apropiada, los proyectos de construcción están limitados en recursos económicos y también están limitados en el recurso tiempo.

Por tanto, para ejecutar proyectos de construcción con mayor eficacia, con mayor eficiencia, con cimientos científicos. Los Constructores, Gestores de Proyectos y Superintendentes de Obras deben recurrir a la rama más antigua y versátil de las matemáticas, la Estadística.

La Estadística es el área de las matemáticas ocupada de los métodos, técnicas y procedimientos para recoger, organizar,

---

[20] Wikipedia: Ensayo y Error. Es un método heurístico para la obtención de conocimiento, tanto proposicional como procedimental. Consiste en probar una alternativa y verificar si funciona. Si es así, se tiene una solución. En caso contrario —resultado erróneo— se intenta una alternativa diferente. La inclusión simultánea de los vocablos ensayo y error no es congruente ya que, tomado al pie de la letra, error implica que nunca se obtendrá un resultado favorable, que el ensayo será invariablemente fallido. Sería suficiente ensayo, pero el uso popular enfatiza que el ensayo es más frecuentemente fallido que exitoso.

resumir y analizar datos, así como también para obtener conclusiones válidas para tomar decisiones razonables soportadas en tales análisis.

2.2. ¿Qué es la estadística aplicada?

La estadística aplicada se apoya en parte en la estadística teórica[21]. La Estadística aplicada es la rama de la estadística ocupada en la inferencia de resultados sobre muestras o poblaciones estadísticas. Es la parte de la estadística que se aplica en los estudios o investigaciones que los constructores llevan a cabo durante los procesos constructivos.

La estadística aplicada se subdivide en **estadística descriptiva y en estadística inferencial**. La **estadística descriptiva** se ocupa de los métodos de recolección, descripción, visualización y resumen de los datos, que pueden ser presentados en forma numérica o gráfica. **La estadística inferencial** se ocupa de la generación de los modelos y predicciones relacionados a los fenómenos estudiados, teniendo en cuenta el aspecto aleatorio y la incertidumbre en las observaciones.

La estadística inferencial es una rama de la estadística que se ocupa de inferir resultados de poblaciones estadísticas a partir de una o varias muestras. Es la parte de la estadística que se aplica en cualquier otra rama externa a ella, tal como la Gestión de Proyectos, biología, mercados, ingenierías, construcciones, etc.

Los parámetros poblacionales se estiman mediante funciones denominadas "estimadores" o "estadísticos". La estimación de

---

21 David Harold Blackwell, Abril 24, 1919 a Julio 8, 2010, fue profesor emérito de Estadísticas en la Universidad de California, Berkeley. Y es uno de los epónimos del teorema de Rao-Blackwell

éstos, se realiza basándose en la estimación estadística y pueden ser puntuales, por intervalos o de contraste de hipótesis.

En una estimación puntual se obtiene un solo valor con una confianza nula, como cuando se dice que el consumo de combustible de una retro-excavadora C-320 Caterpillar es de 4.0 galones/hora.

En la estimación por intervalos, el nivel de confianza depende de la amplitud del intervalo, es cuando se afirma que el 95% de un lote de 10,000 bloques de cemento tienen una resistencia de más de 120 kgs/cms². El contraste de hipótesis consiste en verificar estadísticamente si una suposición acerca de una población es cierta o falsa.

La estadística aplicada se apoya plenamente en la utilización de paquetes estadísticos tales como SPSS, RapidMiner y STATGRAPHIS, etc. Paquetes estadísticos que ayudan a reducir dramáticamente los tiempos de resolución.

Mediante estos paquetes estadísticos se realizan análisis estadístico. En estos paquetes estadísticos se apoya la realización de todos los estudios de investigación científica que se llevan a cabo en la industria de la construcción.

El análisis Estadístico, es el área de la estadística que mediante técnicas analíticas cuantitativas estudia variables, objetivas y subjetivas, categóricas y numéricas, así como las relaciones y correlaciones que tienen estas variables en ambientes de incertidumbre.

Mediante el análisis estadístico se obtienen modelos eficientes y soluciones a situaciones simples y complejas en los proyectos de construcción.

2.3. Técnicas empleadas en el análisis estadístico

La Estadística como herramienta fundamental para la investigación científica se apoya en técnicas, tests[22] o procedimientos para llevar a cabo el análisis estadístico. Estos tests o pruebas estadísticas tienen como objetivos determinar las normas para su aplicación y su posterior interpretación de resultados. Por tanto, la aplicación de una prueba debe hacerse bajo ciertas condiciones, las cuales deben cumplir requerimiento tales como como a quienes se aplica, o al que se les aplica.

La estandarización tiene como finalidad obtener resultados útiles para la toma de decisiones. Ejemplo: si se realiza un tests o prueba para decidir si un proceso constructivo, de varios que se tienen, debe ser utilizado o no para construir una obra.

La prueba o tests debe asegurar que se cumplan los requisitos requeridos si se acepta emplear el proceso constructivo. Y asegurar que se rechace el procesos constructivos que no cumple efectivamente con el test. Para que una prueba o tests sea aplicable a una población estadística, o a una muestra, deben cumplirse ciertas restricciones. Ver ilustración No. 2.3-1.

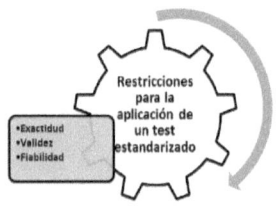

Ilustración 2.3-1

---

[22] Un test estandarizado es una prueba que ha sido normalizada. Esto significa que ha sido probada en una población con distribución normal con característica similares a la población a estudiar. Por ejemplo, el costo del proyecto, el tiempo de duración del proyecto, el índice de desperdicio de materiales, el índice de eficiencia de la Gestión de Proyectos, etc.

ESTADÍSTICA PARA CONSTRUCTORES

Validez: Una prueba es válida cuando mide lo que se quiere medir, una prueba de tres unidades de bloques de cemento de 6"x8"x16 (tipo BNE[23]), por ejemplo, debe discriminar, sin ningún margen de error, entre los cumplen la resistencia mínima de 5.65 MPa y los que no lo cumplen.

Supervivencia: las pruebas o tests deben reproducir resultados similares cuando estas pruebas son aplicadas varias veces a las mismas unidades de estudio. Los resultados que reproduzcan estas pruebas deben ser independiente del observador o investigador que las realice. También estos resultados deben ser independiente del tipo o marca del instrumento, cuestionario o constructo, que se utilice. Siempre que se aplique a las mismas unidades de estudio.

Exactitud: la exactitud es una medida de la calidad de calibración del instrumento respecto a patrones de medida aceptados internacionalmente. Se incluye aquí la sensibilidad y especificidad. Los resultados que se obtengan son aquellos más cercano al valor real.

Ejemplo: si se obtiene una muestra de arena para hacer hormigón o concreto simple que cumpla la norma ASTM[24] C33/C33M – 13. Y, se realiza un ensayo de **módulo de finura**[25] en un laboratorio, los resultados que se obtengan deberán estar comprendido entre el rango de valores 2.3 a 3.1. Si el resultado fuera por ejemplo de 5.0,

---

23 Bloques de cemento de 5.65 Mpa contenidos en la Normás Técnicas Nicaraguese.

24 Sociedad Americana para Pruebas y Materiales: requisitos para granulometría y calidad de AGREGADO fino y grueso (Distinto de AGREGADO liviano o pesado) Parr utilizar en concreto.

25 El módulo de finura del agregado fino, es el índice aproximado que nos describe en forma rápida y breve la proporción de finos o de gruesos que se tienen las partículas que lo constituyen. El módulo de finura de la arena se calcula sumando los porcentajes acumulados en las mallas siguientes: Numero 4, 8, 16, 30, 50 y 100 inclusive, y dividiendo el total entre cien. Es un indicador de la finura de un agregado. Cuanto mayor sea el módulo de finura, más grueso es el agregado. Es útil para estimar las proporciones de los agregados finos y gruesos en las mezclas de hormigón, o para definir los colchones de arena para revestimientos con adoquines en calles y carreteras.

se considerará inadmisible y posiblemente haya necesidad de calibración de los instrumento.

Entre los tests más comunes empleados para los análisis Estadísticos están los siguientes:

- Prueba t de Student.
- Prueba de χ^2.
- Análisis de varianza (ANOVA).
- U de Mann-Whitney.
- Análisis de regresión.
- Correlación.
- Iconografía de las correlaciones.
- Frecuencia estadística.
- Análisis de frecuencia acumulada.
- Prueba de la diferencia menos significante de Fisher.
- Coeficiente de correlación de Pearson.
- Coeficiente de correlación de Spearman.
- Prueba de las diferencias de medias sucesiva.
- Análisis factorial exploratorio.
- Análisis factorial confirmatorio.
- Gráfica estadística.

2.4. Causas por la cual no se emplea estadística

En la actualidad dentro de la industria de la construcción, se emplea muy poca Estadística para gestionar los proyectos de construcción de obras civiles.

Entre las causas por las que no se utiliza y aplica Estadística en los procesos constructivos están: formación deficiente, en el estudiantado, en la aplicación de Estadística, insuficiente cultura Estadística, exiguo interés de las constructoras hacia la Estadística y planes y docencia obsoleta para impartir Estadística. Ver ilustración 2.4-1.

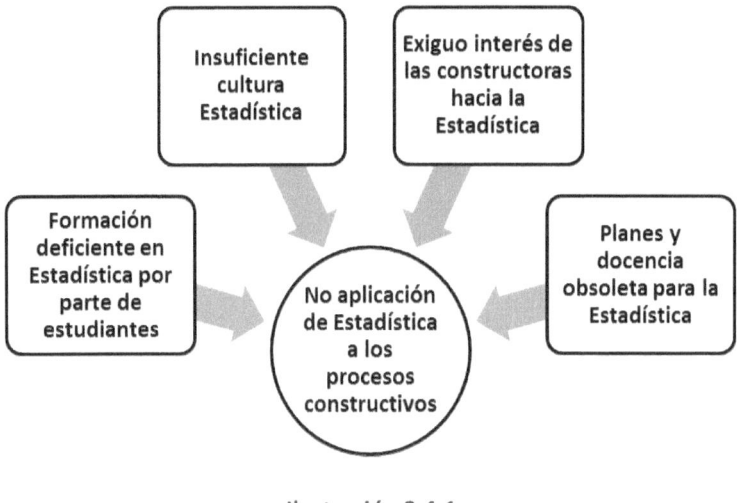

Ilustración 2.4-1

1. **Formación deficiente en Estadística por parte de estudiantes.** Son notorias las dificultades que tienen los estudiantes para asimilar componentes teóricos y prácticos de los diferentes contenidos de la Estadística. Por tanto, las autoridades Universitarias deberán estructurar programas y planes que les permita a los estudiantes desarrollar las competencias necesarias para su desempeño profesional.

Los niveles de deserción y reprobación son más altos en la materia de Estadística que en otros cursos, lo cual se refleja en que ciertos cursos sean calificados por algunas Universidades como "curso de alto riesgo"; principalmente en el caso de la Estadística Descriptiva e Inferencial.

Estas deserciones se deben a la poca motivación que reciben los alumnos durante el desarrollo de los cursos. En particular en la estadística, es muy común que los docentes traten tópicos en forma aislada, es decir, indicar ejemplos y explicarlos según el capítulo que se están desarrollando.

Contrario a este método que aplican los docente, si cambiará el enfoque y en su defecto abordarán situaciones reales mediante una base de datos. Por ejemplo, una base de datos que contenga las excavaciones realizadas durante una semana de trabajo por una excavadora Caterpillar C-320 . Y, se pidiera a los alumnos que efectúen un análisis estadístico a esta base de datos, "integrando" técnicas de Estadística tales como, formulación de la hipótesis, comparaciones, regresiones, correlaciones, análisis estratificado, probabilidades, pronósticos, etc.

Entonces, los alumnos se sentirían mucho más estimulado y vinculados a los procesos de Gestión de Proyectos. Se sentirían más integrados al proceso constructivo mismo de un proyecto. Se produciría el efecto de aprender haciendo. Y, tendrían la posibilidad de apreciar numéricamente el proceso de la excavación en su contexto, lo cual les produciría una experiencia práctica muy integradora y útil para su vida profesional.

2 .Insuficiente cultura Estadística. La administración de los negocios y la toma de decisiones en la industria de la construcción, está altamente correlacionada[26] con la idea de salud y bienestar para quienes utiliza las estructuras, pintan y modifican el hábitat, el ser humano.

Está altamente correlacionada con el ser humano, que por derivación también lo está con el bienestar de los que crean este hábitat, los constructores. Sin embargo, a pesar de esta correlación esto pareciera no funciona así. En la actualidad, en el sector

---

[26] Wikipedia: En estadística, la correlación indica la fuerza y la dirección de una relación lineal y proporcionalidad entre dos variables estadísticas. Se considera que dos variables cuantitativas están correlacionadas cuando los valores de una de ellas varían sistemáticamente con respecto a los valores homónimos de la otra.

industrial de la construcción, se carece de verdaderos enfoques y mecanismos destinados a observar de manera sistemáticamente los cambios que se han generado y se siguen generando en los procesos constructivos.

Uno de estos enfoques de observación, está directamente asociado a la concepción de medición, descripción, análisis e inferencias mediante la aplicación de una de la rama más antigua de la matemática, la Estadística.

El sector industrial de la construcción no ha sido capaz de enfocar, asociado y concebir la **Estadística como cultura universal**[27]. Una cultura generadora de mecanismos, procedimientos y métodos para observar de forma sistemática cualquier cambio que se esté produciendo en los procesos constructivos. Cualquier modificación que difiera de los planes concebidos para construir obras. Cualquier variación que ocurra en una de las industria más pujante, como lo es la industria de la construcción.

Si aceptamos a la Estadística como Cultura Universal, entonces las aplicaciones tecnológicas deben adaptarse a ello. Tanto en el campo de la Gestión de Proyectos, como en cualquier otro. Los avances que se obtendrían, serían variados, extensos, enriquecedores y principalmente, útiles.

Hoy más que nunca, se precisa de herramientas integradoras y no sesgadas[28]. Por lo que un poderoso "nexo" para este propósito, podría ser específicamente la Estadística.

3. Exiguo interés de las constructoras hacia la Estadística. Es sorprendente que a los empresarios del sector de la construcción les sea de poco interés administrar los negocios y tomar decisiones

---

[27]Mario Olguín Scherffing, Universidad de las Américas, maolsch@gmail.com.
Herramientas Estadísticas y sus Aplicaciones en la Administración de los Negocios.
[28] Ibidid. Página No. 1. Mario Olguín Scherffing.

sobre bases científicas. Es asombroso y sorprendente, porque no hacerlo es actuar en contra de los propios intereses de las empresas del sector construcción.

Este comportamiento de los empresarios del sector de la construcción, está estrechamente ligado a la insuficiente cultura que en general se tiene sobre Estadística.

Dicho comportamiento dista notablemente del concepto de rentabilización de los procesos constructivos. Y, dista del concepto general de eficacia y eficiencia que se debe verificar en cualquier proceso productivo. Difiere en gran medida del primer principio propugnan los empresarios, difiere del principio de "retorno de la inversión[29]".

El control estadístico de los procesos constructivos no es una acción aislada de la "cultura de sistematización del control de los procesos constructivos". El control de los procesos productivos debe pasar necesariamente por procedimientos Estadísticos que validen científicamente lo actuado en estos procesos.

Estas validaciones se llevan a cabo sobre las tres máximas de la construcción, **tiempo, costo y calidad**. Si un empresario quiere mantener un eficiente y eficaz control sobre sus proyectos, necesariamente debe recurrir a uso y utilización de la Estadística.

---

[29] El retorno sobre la inversión (RSI o ROI, por sus siglas en inglés) es una razón financiera que compara el beneficio o la utilidad obtenida en relación a la inversión realizada, "representa una herramienta para analizar el rendimiento que la empresa tiene desde el punto de vista financiero". Para su cálculo, en el numerador se pueden admitir diferentes definiciones de beneficios, por ejemplo el beneficio neto después de impuestos, el BAI (antes de impuestos) o el BAII (antes de intereses e impuestos), mientras que en el denominador se debe indicar los medios para obtener dicho beneficio. Ver propuesta para Controlar la Gestión en la Alta Dirección de (DGISA), ver en http://ingenieroestadistico.com/mastermind.

.

De aquí nuestra afirmación del exiguo interés de las constructoras, ya que está suficientemente demostrado que los empresarios del sector construcción obtendría mayores provechos y beneficios aplicando Estadística que obviando su aplicación.

4. Planes y docencia obsoleto para impartir Estadística. Para hacer más comprensible y útil la estadística en los procesos específicos del campo de las Ingenierías, las Universidades, profesores y maestros que imparten la cátedra de Estadística, deben sustituir y cambiar los métodos y técnicas para impartir esta materia.

Resulta contraproducente y desacertado encontrar hoy en día en las aulas de clase de las carreras de Ingenierías, a Estadísticos que desconocen absolutamente el área de trabajo de los Ingenieros Civiles, Arquitectos y Técnicos de Construcción. Este desconocimiento, redunda en que los profesores repitan los ejemplos de los libros de Estadísticas que han sido escrito sin los contenidos requeridos por los Ingenieros y Constructores. Contenidos que distan mucho de los requerimientos que demandan los procesos constructivos que se realizan en el sector de la construcción.

2.5. **Estimadores estadísticos**

Para efectuar cálculos sobre las variables exógenas en la industria de la construcción de obras civiles, deben utilizarse **estimadores estadísticos** . Un **estimador** es una expresión matemática, es un algoritmo de cálculo para obtener un **estimado** de los parámetros de una población. Estimado obtenido en base a una muestra de la de la población estadística, considerando las condiciones y características del sistema empleado.

El **estimado** es el valor particular que toma el estimador para una muestra específica de su población. Los estimadores se agrupan en dos, estimadores clásicos o paramétricos y los estimadores no paramétricos o estimadores robustos. Los modelos funcionales (físicos o geométricos) que se utilizan en las ciencias para realizar estimaciones se denominan estimadores estadísticos.

Un estimador estadístico es paramétrico cuando tienen asociados distribuciones estándares de la población. Contrariamente un estimador es no paramétrico cuando no tiene asociado una distribución estándar de la población.

2.5.1. Estimadores clásicos o paramétricos

Los estimadores clásicos o paramétricos más comunes empleados en la estadística descriptiva son los siguientes:

- ✓ -La Moda
- ✓ -La Media Aritmética
- ✓ -La Media de los Extremos
- ✓ -La Media Armónica
- ✓ -La Media Inarmónica
- ✓ -La Media Geométrica
- ✓ -La Media Cuadrática
- ✓ -La Media de Jeffreys

A los estimadores clásicos o paramétricos, se les asociada un tipo de distribución de la población. Así por ejemplo, a la media aritmética se le asocia la distribución normal o distribución mesocurtica. A la mediana se le asocia la distribución Laplaciana o distribución leptocurtica. Y a la media de los extremos se le asocia la distribución rectangular.

A los estimadores clásicos se les asocia, también, un criterio de óptimo previamente fijado o preestablecido. Expresado por medio de las llamadas normas mínimas o condiciones mínimas, basadas en la existencia solamente de errores accidentales en las mediciones u observaciones. Las principales normas mínimas empleadas en estadística son las siguientes:

- La norma L1: la suma absoluta de los residuales es mínima.
- La norma L2: la suma de los cuadrados de los residuales es mínima.
- La norma L∞ : el máximo residual absoluto es mínimo.

2.5.2. Estimadores robustos o no paramétricos

Los estimadores robustos, también conocidos como estimadores no paramétricos o estimadores libres de distribución; o simplemente robustos, son estimadores libres de adjudicación de formas de distribución en la población estadística de la cual se extrae la muestra.

Los estimadores no paramétricos más utilizados en el campo de la Ingeniería son los que se describen a continuación:

- Mediana de HODGES-LEHMANN
- Estimador BES (Best Easy Systematic)
- Media Aritmética Múltiple Sucesiva
- Trimedia de TUKEY
- Estimador α-media Equilibrada
- Estimador de HUBER
- Método Danés
- Estimador de HOGG
- Estimador de SWITZER
- Estimador de TAKASHI
- Estimador de Kaplan Meier

Estos estimadores se emplean en las ciencias y en la industria de la construcción con el propósito de hacer compatibles dos tipos de conocimientos, uno derivado de las propias observaciones o mediciones del investigador, y otro derivado de las teorías o conceptos.

El estimador es empleado para obtener la **estimación**. La estimación es el proceso de extraer información a partir de los datos y del modelo empleado para inferir una información específica de la población.

Los métodos para llevar a cabo una estimación usan relaciones matemáticas previamente definidas que nos permiten determinar la información específica tomando en consideración los errores y elementos perturbadores durante el proceso de observación o mediciones. Así como, tomar acciones de control sobre el sistema considerado.

Los estimadores robustos no tiene asociados ninguna distribución, así como también ninguna norma óptima. Los objetivos que tienen los investigadores al utilizar estimadores robustos se resumen en los siguientes:

1. Construir medidas de seguridad contra una insospechada o imprevista cantidad de errores de carácter groseros. Errores groseros que trascienden ciertas tolerancias.
2. Poner un límite a la influencia de la contaminación producidas por estos errores.
3. Aislar de manera clara los errores groseros para un tratamiento separado si esto es requerido o deseado.
4. Seguir de cerca el sentido estricto del modelo paramétrico.

2.6. Procesos aleatorios o estocásticos

Los Constructores, Gestores de Proyectos, Técnicos en Construcción y Superintendentes de Obras que día a día ejecutan obras, preferirían o quisieran que las variables que intervienen en los sistemas y procesos constructivos de proyectos, tengan un **comportamiento determinista**.

Estos constructores quisieran que la relación causa efecto entre las variables que intervienen en la ejecución de las obras de sus proyectos fueran de carácter deterministas, pues los resultados de estos procesos serían perfectamente bien determinados en un corto tiempo y a un costo muy bajo.

Sin embargo, tal situación no puede ser así. Debido a que en general los sistemas y procesos constructivos aplicados en la industria de la construcción no están regidos por leyes concretas e inmutables de la Física.

En estos sistemas o procesos constructivos, aunque son por lo general de carácter repetitivos, se producen bajo ambientes de incertidumbres[30]. En ellos, intervienen procesos aleatorios o estocásticos, y también interviene una variables muy particular inseparablemente ligada a cualquier proceso constructivo en la industria de la construcción. Esta variables es la denominada tiempo. El tiempo es una de las máximas de la construcción.

Las preferencias de los Constructores o Gestores de Proyectos a trabajar o trajinar con variables de carácter deterministas, es debido a la sencillez para realizar estimaciones de carácter contables, administrativas y productivas en ambientes no estocásticos. En un

---

[30] Desde la revolución relativista y cuántica los científicos adquirieron conciencia de que únicamente pueden alcanzar una certidumbre probabilística (indeterminación, principio de incertidumbre) y grados sucesivos y provisionales de aproximación a la realidad. José Manuel Sánchez Ron, Viva la ciencia, Crítica, 2010, ISBN 8474238781.

medio determinista, se asume que los valores de estas variables deterministas no cambian para distintas muestras que se tomen en un mismo proyecto o en distintos proyectos.

A cualquier Constructor o Gestor de Proyecto por ejemplo, le resultaría sumamente fácil determinar el impuesto al valor agregado (IVA) sobre un avalúo, facturación o sobre las ventas del mes. Esta facilidad se debe a que las variables deterministas que participan en la ecuación para el cálculo del IVA son perfectamente conocidas para Constructores y Gestores de Proyecto. La relación matemática para calcular el IVA se representa como IVA=(k* valor de las obras ejecutadas), donde k es un valor constante para cada estado o país, y la variable IVA no depende del tiempo.

Sin embargo, la realidad en los proyectos de construcción es distinta. Cada proyecto de construcción convertido en un marco muestral[31] genera, en cada instante de trabajo a lo largo de la vida del proyecto, valores distintos para la gran mayoría de las variables que intervienen en los procesos constructivos. Y por lo general estas variables están estrechamente ligadas al tiempo.

Son muy pocas las variables que surgen en los procesos constructivos que toman valores iguales para proyectos distintos, e independientes del tiempo. Es por ello que el tiempo es considerado una máxima en la industria de la construcción.

También los empresarios y Constructores quisieran que los procesos constructivos que han empleado en los proyectos ejecutados en el pasado, y que repiten en nuevos proyectos, reproduzcan los resultados exitosos que pudieran haber tenidos en

---

[31] Es el listado de las unidades de estudio que conforma una población estadística. Cuando existe marco muestral el estudio queda plenamente delimitado aún si la población es inaccesible o es inalcanzable. Cuando no existe marco muestral se debe delimitar uno. Cuando la población es inalcanzable se recurre a una muestra, la cual tiene un nivel de confianza, así como un grado de error. Si la población es inaccesible el investigador determina la magnitud de la muestra.

aquellos proyectos. Cuando no tienen resultados exitosos en los nuevos proyectos que ejecutan, responsabilizan a los Gestores de Proyectos y Superintendentes de Obras que intervinieron en éstos.

No obstante, que haya o no cierto grado de responsabilidad en los Gestores de Proyecto y Superintendentes de Obras, lo cierto es que los empresarios desconocen u olvidan que los procesos constructivos que se llevan a cabo en el sector de la construcción tienen un carácter eminentemente casual o estocástico, dependientes de la variable tiempo.

Se denomina proceso estocástico a una sucesión de experimentos, actividades o eventos coordinados u organizados que se realizan o suceden de forma alternativa o simultáneamente, que se efectúan bajo ciertas circunstancias no deterministas en un determinado lapso de tiempo y que pueden ser sometidos a un análisis estadístico.

A diferencia de los procesos deterministas, en los que sí es posible que los estados de las variables sean determinados por leyes concretas e inmutables de la Física y en ausencia del tiempo. En los procesos aleatorios o estocásticos, que son los predominantes en la construcción de obras civiles, el estado de las variables debe predecirse y pronosticarse mediante análisis estadísticos.

En estos análisis las variables aleatorias que intervienen son independientes e idénticamente distribuidas. Por ejemplo, los sistemas de construcción donde intervienen las variables: m² de instalación de mampostería por día, kilogramos instalados de elementos de refuerzos para estructuras de hormigón, construcción de elementos de hormigón reforzado, m² de formaleta instalada por hora, etc. Estas variables no pueden estudiarse y reproducirse mediante sistemas deterministas. Los sistemas constructivos de naturaleza estocástica deben tratarse mediante procesos aleatorios o estocásticos.

En general en el sector de la construcción, las principales variables que surgen durante los procesos constructivos además de tener un carácter casual están estrechamente relacionadas al tiempo y se relacionan en un ambientes de incertidumbres.

Un proceso aleatorio es un concepto matemático que sirve para caracterizar una sucesión de variables estocásticas o casuales que evolucionan en función del tiempo y de otras variables. Cada una de las variables aleatorias que intervienen en los proceso casuales o aleatorios tiene una distribución de probabilidad y pueden estar o no correlacionadas.

Cada variable o conjunto de variables sometidas a influencias o efectos aleatorios constituye un proceso aleatorio, procesos estocásticos o proceso casual. Los procesos aleatorios son entonces eventos o sucesos que generan una secuencia de valores casuales o estocásticos, modelables como variables aleatorias. Cada dato obtenido en el proceso de muestreo tiene un posicionamiento u orden en el sistema global de las variables obtenidas en eventos particulares que se suceda durante los procesos constructivos que se llevan a cabo en los proyectos de construcción.

Un proceso aleatorio es llamado discreto cuando el resultado del evento o suceso es una sucesión que tiene un orden en relación con los números naturales. Un proceso es continuo, en cambio, cuando el ordenamiento está relacionado con los números reales.

2.6.1. Clasificación de los procesos aleatorios

Los procesos aleatorios o estocásticos que encontramos en la industria de la construcción se clasifican en, continuo de variable continua, continuo de variable discreta, discreto de variable continua y discreto de variable discreta. Ver ilustración 2.6.1-1.

ESTADÍSTICA PARA CONSTRUCTORES

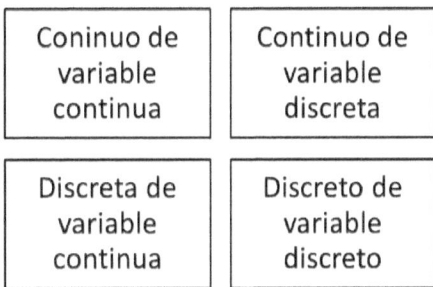

Ilustración 2.6.1-1

Ejemplos de procesos aleatorios:

1. **Continúo de variable continua** (procesos de estado continuos): velocidad de compactación de la compactadora CATERPILLAR MODELO CS 563 D en un instante t del día.
2. **Continuo de variable discreta** (procesos de estados continuos y tiempos discretos): toneladas de mezcla asfáltica en caliente producidas diariamente por la planta móvil CIFALI dee 100 TN/H.
3. **Discreto de variable continua** (procesos con saltos puros): metros de tubos PVC, Ø 6", SDR-26 instalado hasta el tiempo t. La variable t puede ser hasta el 31/03/2014.
4. **Discreto de variable discreta** (procesos de cadenas): m² de compactación que ejecuta diariamente sobre una terracería una compactadora CATERPILLAR MODELO CS 563 D.

En un proceso aleatorio o sucesión donde la variable aleatoria está ordenada por alguna variable secuenciadora (en un proceso discreto son los números naturales; en un proceso continuo, los reales), el conjunto de las sucesiones posibles genera el espacio muestral.

Ejemplo: la temperatura máxima diaria que tenemos en los proyectos es una variable aleatoria continua (valor variable para un determinado día), su secuencia de "n" valores es un proceso aleatorio discreto. Las excavaciones para cimentación realizadas por hora durante un día laboral por un retroexcavadora CAT 416D es una variable aleatoria continua (produce valores variables para cada hora de trabajo), y su valor secuenciador de "n" valores es un proceso aleatorio discreto.

Otro ejemplo. El valor diario de las obras ejecutadas en unidades monetarias en un proyecto de construcción que debe durar seis meses, los 180 valores ordenados es el resultado del suceso definido como una secuencia de 180 variables. Por tanto, este proceso aleatorio es discreto de variable discreta.

Lo importante, de los conceptos antes descrito, radica en entender que para cada "posición" (número de orden en un proceso discreto o valor de la variable secuenciadora en un proceso continuo) queda definida una variable aleatoria. Para el caso anterior: la temperatura máxima diaria que tenemos en un proyecto es una variable aleatoria. Tiene una función de densidad, media, variancia, desviación, etc.

2.7. Variables que intervienen en los procesos constructivos

Los procesos constructivos llevados a cabo en los proyectos de construcción de obras civiles son generadores de un sin número de variables que los Constructores, Gestores de Proyectos y Superintendente de Obras, deben monitorear y dar seguimiento mediante buenas prácticas de administración y de aplicación de Estadística.

Estas variables se definen como propiedades, características o atributos que se dan en las unidades de estudios o por derivación de ellas. Las unidades de estudios pueden ser: recursos humanos, financieros, equipos, tiempo, proyectos, etc.

Las variables tienen como característica principal que deben ser medibles. Si no se pueden medir, no son variables. Cada variable en particular, adquiere un nombre en correspondencia a las unidades de estudios de donde se obtienen. Por ejemplo, la variable "desperdicio" corresponde a la unidad de estudio "proyecto P"; la variable, "costos de cimentación" corresponde a la unidad de estudio "cimentación del proyecto P", etc.

También, son ejemplos de variables, costos directos, costos indirectos, costos variables, tractores D-8, excavaciones para cimentación, proyecto hidroeléctrico Florida, etc.

Para evitar confusiones en los estudios Estadísticos que se efectúan en la industria de la construcción, las variables se agrupadas según: su medición, la escala de medición y la aleatoriedad.

A la vez las variables agrupadas por su medición, se clasifican en objetivas y subjetivas. Las variables que se agrupan según su escala de medición se clasifican en nominal, ordinal, intervalo y razón y las variables que se agrupan según la aleatoriedad se clasifican en deterministas y estocásticas. Ver ilustración 2.7-1.

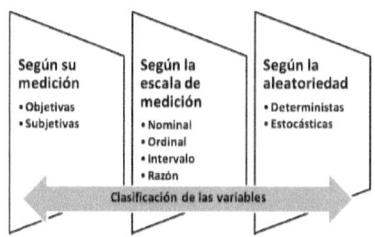

Ilustración 2.7-1

2.7.1. Tipos de variables

1- Según su medición: las variables se clasifican en objetivas y subjetivas. Las variables objetivas se miden de manera directas y las variables subjetivas requieren indicadores para su medición.

La tipificación de las variables en objetiva y subjetiva, se sustenta en el tipo de instrumento con el que es mide una variable. Si la variable es objetiva, se mide mediante un instrumento mecánico. Si la variable es subjetiva, se mide mediante un instrumento denominado constructo.

2.7.1.1. Variables objetivas

Las variables objetivas se clasifican en individuales y colectivas. Las variables individuales son aquellas destinadas a medir unidades de estudios individuales. Y las variables colectivas son aquellas utilizadas para medir conjunto de unidades de estudios.

El concepto de variable como característica que se dan en las unidades de estudios individuales o de grupos, corresponde únicamente a las variables objetivas. Las variables objetivas son aquellas variables que pueden ser medidas mediantes instrumentos mecánicos.

Las variables individuales corresponden a las unidades de estudios individuales, pertenecen a la población estadística pero no es la población estadística misma, no es el conjunto de unidades de estudios. Por ejemplo el nivel de instrucción de los obreros. Esta variable pertenece a la población de obreros de un proyecto o de una empresa constructora, pero el nivel de instrucción de un obrero se refiere únicamente a los obreros individuales.

Las variables colectivas son propiedades de grupos y su medición se basa en las propiedades individuales que poseen las unidades de estudios individuales que pertenecen al grupo. Ejemplo: el índice de eficiencia del proyecto, éste índice puede ser medido únicamente cuando se ha evaluado el nivel de las obras terminadas para cada concepto de obras que componen el listado de obras del proyecto.

2.7.1.2. Variables subjetivas

Las variables subjetivas no son características de grupos, solamente pueden ser individuales. Únicamente pueden ser medibles en las unidades de estudios. A estas variables se les denominan subyacentes y son medidas mediante instrumentos documentales denominados constructos.

Los constructos son conceptos teóricos, son propiedades que tienen las unidades de estudios, se definen como propiedades subyacentes porque no se pueden medir de manera directa. Requieren indicadores que corresponden a las dimensiones del concepto que se quieren medir. Ejemplos: nivel de satisfacción de los clientes o dueños de proyectos, nivel de satisfacción de los obreros, calidad de la atención que brinda un Gestor de Proyecto al Supervisor o a los dueños de proyectos, etc.

Para cada variable que se quiera medir se debe construir un constructo. La construcción de un constructo requiere plantearse un estudio que contemple las validaciones de, contenido, criterio y constructo. Las construcción de constructo no es un tema que abordamos en este libro.

2-Según la escala de medición: las variables se clasifican en nominal, ordinal, intervalo y razón. Las variables nominales y ordinales son llamadas categóricas, reciben el nombre de categóricas debido a que el valor final de estas son categorías.

Ejemplos: estado mecánico de los equipos, cuyas categorías es bueno y malo. Estado final de las obras, cuyas categorías es terminada y no terminada. Estado civil de un empleado, cuyas categoría es casado, soltero y conviviente, etc.

La diferencia entre una variable nominal y una ordinal es el atributo orden que posee la variable ordinal. Ejemplo: las "**etapas de un proyecto vertical**", variable categórica ordinal que puede tomar valores finales tales como: preliminares, fundaciones, estructuras de hormigón, mampostería, techos y fascia, acabados, cielos rasos, pisos, particiones, etc. Cada una de estas etapas guarda un orden riguroso dentro de los procesos constructivos y en la estructura de costo del proyecto.

Las variables numéricas agrupan las escalas de intervalos y de razón. Se les llama numéricas debido a que el valor final de estas variables son números. Ejemplos: 10 kilogramos, 100 metros, 30 m^2, -500 dólares, cero m^3 de excavación ejecutada, etc.

La diferencia entre una variable de intervalo y una de razón, es el atributo origen que posee esta última. El atributo origen es una característica esencial en las escalas de razón. El cero es la ausencia de la unidad de estudio, si la unidad de estudio en un proyecto horizontal de movimiento de tierra fuera el tractor sobre oruga CATERPILLAR D11R, el cero para esta unidad de estudio significaría que el tractor D11R no existen en el proyecto.

En cambio, si la unidad de estudio fueran los metros^3 de excavación mediante tractor sobre oruga CATERPILLAR D11R el cero significaría que en el proyecto no se ha excavado un solo metro^3, pero la unidad de estudio si existe.

La unidad de estudio "tractor sobre oruga CATERPILLAR D11R" es una variable de razón. En cambio la unidad de estudio "metros³ de excavación mediante tractor sobre oruga marca CATERPILLAR D11R" es una variable de intervalo.

Las variables nominales poseen categorías a las que se le asigna un nombre sin que exista un orden implícito entre ellas.

Las variables ordinales poseen categorías ordenadas, pero no se les puede cuantificar la distancia entre una categoría y otra. Las variables de intervalo tienen intervalos iguales y medibles, no tiene un origen real sino relativo, pueden asumir valores positivos y negativos.

Las variables de razón tiene intervalos constante entre sus valores, además de un origen real, el cero significa la ausencia de la unidad de estudio.

A una variable de intervalo se le puede cuantificar la distancia entre uno de sus valores y otro. Ejemplo: la variable m² de cubierta para techo instalada, la distancia entre 55 m² y 205 m² es 150 m² de cubierta para techo instalada. Este atributo distancia representa la diferencia que existe entre una variable categórica ordinal y una numérica de intervalo.

3-Según la aleatoriedad: las variables son de dos tipos deterministas y estocásticas. En los proyectos de construcción de obras civiles la gran mayoría de las variables son estocásticas; sin embargo, existen muchas variables determinista que a diario se trabajan con ellas.

Las variables deterministas son aquellas cuyos valores no cambian para distintas muestras que se obtengan de estas variables.

Ejemplos: el porcentaje de impuesto al valor agregado (IVA), este valor dentro de un mismo país no cambia al tomar muestra de uno u otro proyecto, también se mantienen invariables los porcentajes de impuestos municipales y los porcentajes de impuestos sobre la renta y otros tipos de aranceles como renta de terrenos para bodegas, servicios de vigilancia, etc.

Las variables estocásticas son aquellas cuyos valores se obtienen de mediciones de algún tipo de suceso o evento aleatorio.

Ejemplos: m² de instalación de mampostería por día, kilogramos instalados de elementos de refuerzos para estructuras de hormigón, construcción de elementos de hormigón reforzado, m² de paredes de Gypsum de ½" instado, m² de cielos rasos, m² de cubiertas para techo, etc.

Debido a que en la industria de la construcción muchos de los eventos o sucesos que se suceden no pueden repetirse para ser observados nuevamente por ser un producto único construidos, es de gran importancia saber determinar si una variable es determinista o estocástica.

Por ello es importante analizar si el posible incumplimiento de esta hipótesis afecta severamente a las propiedades de la estimación Mínimos Cuadrados Ordinarios (MCO).

2.8. Tipos de estudios de investigación en la construcción

2.8.1. ¿La Ingeniería es una ciencia?

El Doctor Arístides Alfredo Vara-Horna[32], da inicio a su disertación magistral "La Investigación en Ingeniería, Problemática y Naturaleza" (Diciembre del 2012), haciéndole a su público

---

32 Coordinador de Investigaciones Ciencias Administrativas y Recursos Humanos en la Universidad San Martín de Porres (USMP).

receptor varias pregunta singulares que la comunidad académica y científica ha venido haciendo, y aún continua haciéndose en este tercer quinquenio del siglo XXI.

Las preguntas efectuadas por el Doctor Vara-Horna son las siguientes: "¿cómo es la investigación en Ingeniería?, ¿cuál es el método de investigación en Ingeniería?, ¿es igual al método que se emplea en Ciencias Sociales, en Economía, en Derecho, en Psicología, en Administración, o hay diferencias?, ¿cuál es la esencia y la peculiaridad?.

En este epígrafe damos repuesta a algunas de las preguntas efectuada por el Doctor Vara-Horna en Diciembre del 2012.

1. Las preguntas que formulara en su disertación el Doctor Vara-Horna, están intrínsecamente relacionadas con los conceptos de Ciencia e Ingeniería.
2. En las universidades que imparten la materia de Ingeniería y aún dentro de la industria de la construcción, es muy común escuchar a alumnos y profesionales de diversas áreas del conocimiento, preguntarse si la Ingeniería es una Ciencia[33].

Al respecto, aunque no es el propósito de este libro polemizar este tema, en este libro afirmamos que la Ingeniería no es una ciencia básica (no es una ciencia pura). Sin embargo, es una ciencia para la aplicación. Y, al conjunto de especialidades de las **Ingenierías se le denomina Ciencias Ingenieriles**[34]. Es por ello que propugnamos por

---

[33] Ciencia es una materia que utiliza el método científico con el propósito de descubrir relaciones o conjunto de relaciones entre las partes de un sistema. Tiene como objetivo esencial producir conocimientos.

[34] Las Ciencias Ingenieriles, es un conjunto de teorías que pretenden proporcionar

la aplicación de métodos científicos en la disciplina de Gestión de Proyectos de construcción de obras civiles.

La ciencia no tiene su naturaleza ni sus fundamentos en el tema que aborda. La ciencia no se caracteriza por los temas que trata, ni por los resultados encontrado en el procesos de la investigación. Por tanto, ni el tema abordado, ni los resultados encontrados del tema investigado hacen de una disciplina una ciencia. La ciencia se caracteriza por la aplicación de un método para encontrar estructuras generales.

3. Las teorías tecnológicas tienen sus propios métodos. Las teorías tecnológicas han desarrollado sus propias teorías, las cuales se clasifican es sustantivas y operativas. Las teorías tecnológicas sustantivas son aplicaciones de teorías científicas a escenarios y contextos relacionados con la administración, con industria petroquímica y metalurgia. Las teorías tecnológicas sustantivas tienen de respaldo a las teorías científicas, pero su objetivo fundamental no es la de incrementar el conocimiento, sino poner en práctica conocimiento.

Las teorías tecnológicas operativas se aplican a entornos vinculados con actividades diagnósticas (certificación de materiales, certificación de suelos, resistencia a la compresión de materiales de

---

conocimientos de carácter representacional y explicito acerca de ciertos aspectos de la realidad, sobre ciertas características que encierran los fenómenos naturales y artificiales. Ana Cuevas Badallo. Ciencias para la Aplicación, el caso de la Resistencia de Materiales acuevas@usal.es.

construcción, pruebas reológicas[35], etc), con la industria pétrea, con la industria de la madera, con la industria del hormigón, con la industria de productos asfálticos, etc. Las teorías tecnológicas operativas nacen de la investigación aplicada. y no tienen como propósito producir conocimiento para incrementarlo.

Las teorías tecnológicas operativas se refieren a las relaciones complejas hombre-máquina, se refiere a los procesos mecanizados. Estas teorías tecnológicas nacen de la investigación aplicada y pueden tener relación con las teorías sustantivas o estar al margen de éstas. Las teorías tecnológicas sustantivas y operativas emplean el método de la ciencia y ambas tienen un carácter científico.

Estas teorías son tecnológicas respecto al objetivo, el cual es más práctico que cognoscitivo[36]. No obstante a la particular dualidad contenida en los vocablos práctico y cognoscitivo. **Las teorías tecnológicas no difieren fundamentalmente de las teorías de la ciencias puras**. Por tanto, el método de investigación en Ingeniería es igual al método de investigación empleado en las ciencias puras.

---

[35] La reología, vocablo introducida por Eugene Cook Bingham en 1929, es una locución utilizada por la Mecánica de Medios Continuos. Está ultima es una bifurcación de la Física de Medios Continuos. Dedicada al estudio de la deformación y fluencia de la materia en sus diferentes estados.

[36] La Investigación Científica: Su estrategia y su Filosofía. Buenos Aires,1969. Bunge, Mario.

Mario Bunge describe en su libro "La Investigación Científica: Su estrategia y su Filosofía", varias propiedades que cumplen las teorías tecnológicas sustantivas y operativas.

Expresa Mario Bunge que estas teorías tecnológicas, (1) tratan sobre modelos idealizados de la realidad, (2) emplean conceptos teóricos, (3) utilizan la información empírica y permiten realizar predicciones, (4) son empíricamente contrastables, aunque no tan rigurosamente como lo tienen que ser las teorías científicas.

Las teorías tecnológicas que pueden denominarse ciencias aplicadas, según Mario Bunge, son las teorías sustantivas. En cambio las teorías operativas, debido a la utilización del método científico obtienen su cuerpo de conocimiento más simples y en función de objetivo prácticos. No obstante, las características son similares al de cualquier teoría de las ciencias denominadas puras.

De tal forma que Mario Bunge reconoce que los tecnólogos[37] pueden desarrollar conocimientos teóricos propios, valiéndose de la aplicación solamente del método de la ciencia y no de sus contenidos.

La tecnología tiene la capacidad de desarrollar investigaciones teórica o fundamentales; por tanto, estas investigaciones son el resultado de aplicar teorías científicas. Debido a que emplean el método científico.

La tecnología en su quehacer dentro de las empresas, proyectos y laboratorios, realizan observaciones sistemáticas, se expresan

---

[37] Un tecnólogo es un profesional que conoce la tecnología y sabe aplicarla. Es un perito experto en procesos y sistemas de control administrativo, en procesos técnicos, artes industriales o artes aplicadas. El objetivo del tecnólogo es aplicar los conocimientos para resolver problemas de control administrativo, crear máquinas, instrumentos, o sistemas, que sean de utilidad en los trabajos cotidianos. El tecnólogo enfrenta un problema objetivo, lo estudia, lo organiza, y utiliza el conocimiento (propio o de otros) para construir la solución.

mediante un lenguaje matemático, utilizan modelos teóricos descriptivos, formulan hipótesis, utilizan información heurística, y tienen una función tanto descriptiva como predictiva. Y, principalmente sus experimentos guardan el principio de reproducibilidad y el de refutabilidad.

Por todo lo expresado con relación a las teorías tecnológicas sustantivas y operativas. Y, debido a que la única diferencia entre las ciencias básicas y las ciencias ingenieriles, es que estas última sus objetivos son prácticos.

Concluimos entonces, que existe conocimiento especial en las ciencias ingenieriles. Concluimos que es muy cierto que para aplicar conocimientos se requiere primero producirlo, pero las Ciencias Ingenieriles producen sus propios conocimientos.

2.8.2. Como controlar las obras de construcción

El Ingeniero Henrry Fayol en su libro "Administatrion industrialle et générale" (Administración Industrial y General) describe cinco etapas para llevar a cabo los procesos de la administración en las empresas (proyectos).

Estas etapas son las siguientes, planeación, organización, dirección, ejecución y control. También el Ingeniero Henrry Fayol definió el término control desde un punto de vista semántico.

El término control lo definió Fayol literalmente, como: **garantizar que las cosas ocurran de acuerdo con lo planificado y ejecución de las acciones correctivas necesarias de las desviaciones encontradas.** El Ingeniero Fayol definió perfectamente el término Control tal como es requerido en los procesos administrativo de las empresas y proyectos[38] de construcción de obras civiles.

La definición de Fayol es estrictamente semántica, y su significado de control no se limita a la comprobación o verificación de los hechos, sucesos o acciones que se dan durante el proceso de la administración.

Fayol fue mucho más allá en su definición, puesto que en la definición de control incluyó el verbo infinitivo garantizar.

Garantizar es avalar, respaldar, asegurar, confirmar, certificar, proteger, hipotecar, comprometerse. ¿Y cómo, avalan, respaldan, aseguran, confirman, certifican, y dan fe los profesionales de la construcción?. ¿Y cómo aseguran y certifican los profesionales de la construcción, que las medidas correctivas que toman para corregir desviaciones, son las más idóneas, eficientes y optimas?

Para que efectivamente los profesionales de la construcción den garantías que "las cosas ocurran de acuerdo con lo planificado" deberán realizar controles estadístico. El control no puede ser una tarea heurística[39], el control debe ser cuantificable, verificable, debe ser analítico para que con seguridad puedan darse garantías de que "las cosas ocurran de acuerdo con lo planificado".

El control no es una tarea que deba realizarse sobre las bases de las desviaciones de la irracionalidad, sobre bases heurísticas. Para dar garantías de que "las cosas ocurran de acuerdo con lo planificado" es necesario realizar estudios Estadísticos, estudios científicos.

El control no puede limitarse a las recopilaciones de datos anecdóticos y de descripción de eventos y sucesos que no pueden

---

[38] Un proyecto (del latín proiectus) es un emprendimiento llevado a cabo en un periodo determinado, cuyo fin es la producción de un bien o valor mediante la inversión de capital y administrados mediante tareas tales como la organización, dirección, ejecución y control. El bien o valor que se obtengan de estas tareas debe estar comprendida dentro de un presupuesto previamente establecido y el bien o valor deberá tener una calidad establecidas.

[39] Heurística es la técnica o manera de buscar la solución a un problema mediante métodos no rigurosos, tales como el tanteo, reglas empíricas, etc.

verificarse. El control no debe limitarse a la realización de estudios dentro del nivel exploratorio de la pirámide de la investigación.

El control de las obras de construcción que se practica en la actualidad en la industria de la construcción, es un proceso de carácter Hermenéutico. **Es hermenéuticos** por cuanto estos procesos administrativos de recolección de datos para producir información, están limitados a interpretar, declarar, anunciar, esclarecer y traducir datos.

Son estudios que dentro de la pirámide de la investigación científica no trascienden el nivel *exploratorio*. Son estudios que no le son útiles a los constructores para tomar decisiones, he ahí las causas por la que efectivamente no realizan controles eficientes y eficaces en los proyectos que se ejecutan en la industria de la construcción.

Estos estudios exploratorios no producen la información demandada y requerida por los proyectos para la toma de decisiones, para tomar decisiones efectivas, que coadyuven y contribuyan a la producción de soluciones prácticas. Soluciones que no afecten los ciclos de construcción, que no afecten el costo de construcción y la calidad de la construcción de las obras.

Las soluciones que se obtienen mediante la realización de estudios exploratorios no producen la información que efectivamente se requiere para la toma de decisiones de forma segura, debido a que los estudios de investigación que se realizan en el nivel exploratorio no son estudios analíticos. En los estudios hermenéuticos no participa la estadística.

En los proyecto de construcción, iniciado el tercer quinquenio del siglo XXI, ya no es viable ni posible (económicamente y técnicamente hablando) la administración y Gestión de Proyectos de construcción mediante la utilización de procedimientos hermenéuticos.

Ya no es apropiado para la sociedad, y para el gremio de constructores administrar proyectos con herramientas hermenéuticas. No es apropiado, por cuanto el valor de una obra o proyecto llega a tener costos que supera en muchas veces a aquellos artículos y equipos en cuyos procesos productivos han utilizado Estadística para una producción eficiente.

Para realizar un estudio de investigación científico en un proyecto de construcción de obras civiles, que sea de calidad, que garantice precisión, que de seguridad de cometer la menor cantidad de errores posibles, y que produzca resultado eficientes.

Los investigadores de la industria de la construcción han agrupado los estudios de investigación científica en cuatro grandes colecciones: (1) según la intervención del investigador, (2) según la planificación de la toma de datos, (3) según el número de ocasiones en que se mida la variable de estudio y (4) según el número de variables de interés. Ver figura No. 2.8.2-1.

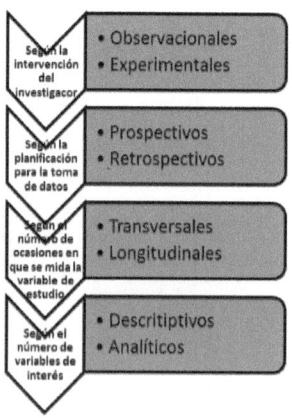

Ilustración 2.8.2-1

2.8.3. Taxonomía de los estudios de investigación dentro de la industria de la construcción

Los cuatro grandes grupos de estudios científicos llevados a cabo dentro de la industria de la construcción son clasificados, según la intervención del investigador, según la planificación de la toma de datos, según el número de ocasiones en que se mide la variable de interés y según el número de variables de interés que contenga el estudio de investigación:

1. Según la intervención del equipo de investigación que se tenga en las obras de construcción durante la recolección de datos, los estudios de investigación científicos pueden ser:

    a. **Observacionales**: son observacionales cuando no existe intervención del recolector de datos. Los datos recolectados reflejan la evolución natural de los eventos, ajena a la voluntad del personal de dirección y del equipo de monitoreo del proyecto.

    b. **Experimentales**: son estudios de investigación de carácter prospectivos, son longitudinales, analíticos y se ubican en el nivel investigativo explicativo. Mediante estos estudios se analizan causas y efectos de las variables analíticas. Tienen la característica de contar con un grupo control.

    Cada uno de estos dos tipos de estudios de investigación cumple una función en el proceso de monitoreo de las obras. Ninguno de estos dos tipos de estudios es más importante y útil que el otro. Habrán muchas ocasiones que los tipos de estudios observacionales sean la única alternativa para realizar estos trabajos.

Los estudios experimentales son muy útiles cuando no se disponen de registro mediante el cual se pueda realizar control.

2. Según la planificación que haya efectuado el equipo de investigación para la toma de datos, estos pueden ser:

   a. **Prospectivos**: los datos necesarios para la investigación son recogidos a propósito, son datos primarios.

   Son datos que se recogen a propósito del estudio de investigación que se está realizando. Por lo que, posee control del sesgo de medición. El personal de investigación puede dar fe de la exactitud de las mediciones.

   b. **Retrospectivos**: los datos se recogen de registros donde el personal de investigación no tuvo participación, son datos secundarios tomados de registros de otros proyectos u empresas.

   No se puede encontrar fidelidad en las mediciones como se encuentra en los datos que se obtienen con mediciones planeadas. El personal de investigación no puede dar fe de la exactitud de las mediciones.

   Los estudios de investigación retrospectivos en muchas ocasiones, será la única forma de investigar un determinado fenómeno, será la única forma de llevar a cabo un estudio de investigación en un proyecto de construcción de obras civiles. En muchas ocasiones, se contará únicamente con datos que existen en los registros de la

Administración del proyecto para efectuar estudios de investigación que demande éste, y con los cuales se tomarán decisiones fiables y precisos.

No son menos importantes que los tipos de estudios prospectivos, lo cierto es que cada uno de estos dos tipos de estudios cumple un rol fundamental en los procesos de investigación.

No se escoge un estudio de investigación prospectivo o retrospectivo a la conveniencia del equipo de investigadores, o porque uno de ellos sea más sencillo que el otro, sino por las circunstancias que rodea a los sucesos o eventos que se están estudiando

3. Según el número de ocasiones en que el personal de investigación mida la variable de estudio. Todo estudio de investigación de obras, independiente del nivel de estos estudios en que se encuentra cuenta únicamente con una variable de estudio.

La variable de estudio es aquella que limita la línea de investigación que se está realizando con la investigación.

Ejemplo: si se está haciendo seguimiento a la variable analítica "excavaciones de cimentación" la variable de estudio será única a lo largo de todo el estudio de seguimiento de esta variable, independiente que existan otras o muchas otras variables de interés que también se estudien para relacionar la variable analítica de estudio.

La variable de estudio es y siempre será única en cada estudio de investigación. Es sobre la variable de estudio sobre la cual se realizan algunas métricas y clasificaciones.

Por tanto conviene bien definir cuál es la variable de estudio.

Según el número de ocasiones en que se mida la variable de estudio, los estudios de investigación pueden ser:

    a. **Transversales**: son transversales cuando todas las variables son medidas en una sola ocasión. Si se realizan comparaciones las muestras deben ser independientes estas muestras no necesariamente tienen que ser del mismo tamaño.

    b. **Longitudinales**: son longitudinales cuando la variable de estudio es medida en dos o más ocasiones. Si se realizan comparaciones, una antes y otra posteriormente deben realizarse en una misma muestra o entre muestras relacionadas.

4. Según el número de variables de interés que se tenga para los estudios de investigación, estos pueden ser:

    a. **Descriptivos**: en los estudios de investigación descriptivos el análisis estadístico es uní-variado, debido a que solamente describen o estima parámetros en la población de estudio a partir de una muestra. Describen parámetros cuando se estudia a toda la población y estiman parámetros cuando se estudia una muestra de la población.

    b. **Analíticos**: en los estudios de investigación analíticos, el análisis estadístico por lo menos es bivariado. Debido a que se plantea y se ponen a pruebas hipótesis, su nivel más básico establece desde el punto de vista estadístico la asociación entre factores.

Los estudios de investigación analíticos tienen en sus enunciados todas sus variables de interés. Ejemplo "factores de riesgos para el proyecto". Los factores de riesgos engloban un conjunto de características que tendrán que ser relacionadas una a una con la variable de estudio, que en este caso es el proyecto. En el conjunto de factores de riesgo se deberán incluir todas las variables.

La clasificación de los tipos estudios de investigación científicas de los proyectos de construcción de obras civiles, será siempre exhaustiva y concluyente. Esto significa, que todos los estudios deben estar encasillados en cualquiera de estas dos opciones de estas cuatro clasificaciones operativas descrita en los párrafos precedentes. No habrá un estudio que pueda ser encasillado en dos de esta categoría al mismo tiempo.

2.9. Diseños de estudios de investigación en la construcción

Un diseño de estudios de investigación científica en el sector de la construcción, es el tránsito, es el camino, el recorrido trazado desde que se descubre un problema, desde que se descubren un sucesos o desde que se descubre un eventos durante la ejecución de los proyectos hasta su solución.

Es el tránsito, el recorrido a través de los diferente niveles de la investigación. En cada uno de los cuales, se plantean distintos estudios para que nos conduzcan a resolver la situación problemática, el incidente o acontecimiento previamente identificado. En la ciencias existen cinco principales diseños utilizados en investigación científica. Estos diseños son, los epidemiológicos, experimentales, comunitarios, validación de instrumentos y los Controles Industriales. Ver ilustración 2.9-1.

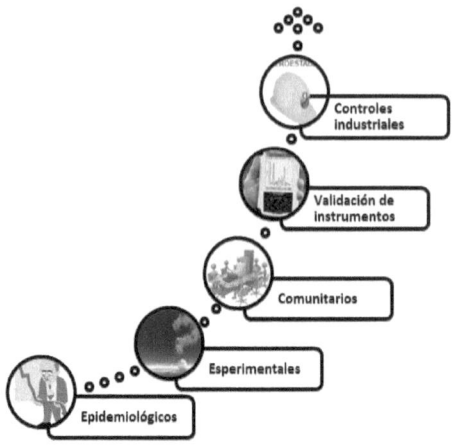

Ilustración 2.9-1

Los diseños epidemiológico son el aporte de los investigadores de la ciencias de la salud[40]. Los diseños de investigación experimentales, es la colaboración valiosa de los investigadores de las ciencias naturales o biológica. Los diseños comunitarios o ecológicos es la contribución a la ciencia por los investigadores de las ciencias sociales. Los diseños de validación de instrumentos, ha sido introducido por los investigadores de la ciencia del comportamiento.

Y, los diseños de investigación científica denominados **Controles Industriales**, han sido introducido más recientemente por los investigadores de las Ciencias Ingenieriles.

Cada una de estas área del conocimiento, han aportado información valiosa para desarrollar diseños de investigación, han aportado ideas y conceptos para producir diseños de mayor eficiencia que si no se contarán con éstos grandes aporte.

Los diseños de investigación científica denominados **Controles**

---

[40] Doctor José Supo. Médico Bioestadístico.

Industriales, son empleados por diferentes industrias. En la industria de la construcción su utilización es más reciente, y es empleada para el control industrial de los sistemas productivos tipificados como: producción continua[41], por lote[42], modular y por proyectos[43].

En los sistemas de producción por lote, continua y modular ha sido más común la aplicación de los diseños de investigación. En los sistemas de producción por proyectos su aplicación es más reciente. Su aplicación generalmente se ha limitado a las industrias de la construcción en países desarrollados. En los países subdesarrollados, aún se continúa empleando métodos heurísticos para llevar a cabo el control industrial.

2.9.1. Controles industriales

Los diseños de investigación científico denominados **Controles Industriales**, son diseños de investigación orientados al estudio y observación en los proyectos de construcción de obras civiles, de las unidades de estudios tales como: materiales, equipos de construcción, recursos humanos y recursos Financieros.

Estos estudios están también destinados a observar y analizar la,

---

[41] Se da cuando se eliminan los tiempos ociosos y de espera, de forma que siempre se estén ejecutando las mismas operaciones, en las mismas maquinas, para obtener el mismo producto, con una disposición en cadena. Se conoce también como configuración por producto. Cada máquina y equipo están diseñados para realizar siempre la misma operación y preparados para aceptar de forma automática el trabajo suministrado por una maquina precedente. Los operarios realizan la misma tarea, en el mismo producto.
42 Producción por lotes en talleres o a medida: En este caso el proceso de obtención del producto, requiere un pequeño número de operaciones poco especializadas, las cuales son realizadas por el mismo trabajador o por un grupo de ellos, que se hacen cargo de todo el proceso. El lote suele ser de pocas unidades de un producto y normalmente es diseñado por el cliente.
43 La producción por proyectos se emplea por lo general cuando en el proceso productivo se obtiene uno o pocos productos con un largo periodo de fabricación o construcción. Ejemplo, barcos de astilleros, aeronaves, líneas férreas, edificios, carretera.

movilidad, variaciones, inconsistencias, relaciones, correlaciones, causas, efectos, de las variables analíticas, tales como: costos, tiempos y calidad en las unidades de estudios que existen en las obras de un proyectos de construcción. Proyectos de caracteristicas, horizontales, verticales, eólicos, marinos o acuáticos. Ver ilustración 2.9.1-1.

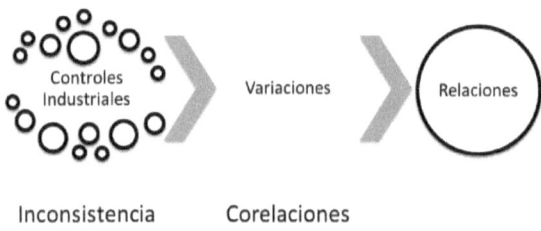

Ilustración 2.9.1-1

Los estudios de investigación para el Control Industrial, son estudios que tienen como objetivo controlar estadísticamente todas las variables que surgen en los proyectos de construcción. Son estudios que se efectúan en cinco de los seis niveles de la pirámide de la investigación científica.

Contrario a lo que ocurre con los diseños de investigación Epidemiológicos y Ecológicos, la unidad de estudio en los diseños de investigación para los Controles Industriales no son los seres humanos, ni la población de seres humanos. En los diseños de Control Industrial, las unidades de estudios son diversos, no existe una única unidad de estudio. Entre las principales unidades de estudios que encontramos en los diseños de investigación para el Control Industrial están, los recursos humanos, los equipos de construcción, los recursos económicos y financieros, el tiempo, los conceptos de obras, el proyecto, la empresa, etc.

Esta gran diversidad de unidades de estudio hacen de la elección de éstas, una tarea ciertamente compleja para llevar a cabo investigaciones científicas. Cada unidad de estudio que se seleccione deberá estar en concordancia con el tipo de estudio de investigación científica que se ejecutará para efectuar un apropiado Control Industrial de las obras de construcción. Su elección, dependerá de los objetivos propuesto en cada estudio de investigación.

Cada estudio de investigación es único. Y, para cada estudio de investigación, cualquiera que sea su objetivo, habrá solamente una, y solamente una unidad de estudio y una variable de estudio. Independientemente que el estudio sea multivariado y contenga por tanto, varias variables.

Existen cinco grandes grupos de estudios de investigación que se realizan dentro del conjunto de los diseños de investigación científica para el **Control Industrial**.

Estos cinco grandes grupos son los estudios, descriptivos, analíticos, monitoreos, previsión e intervención. Ver ilustración 2.9.1-2.

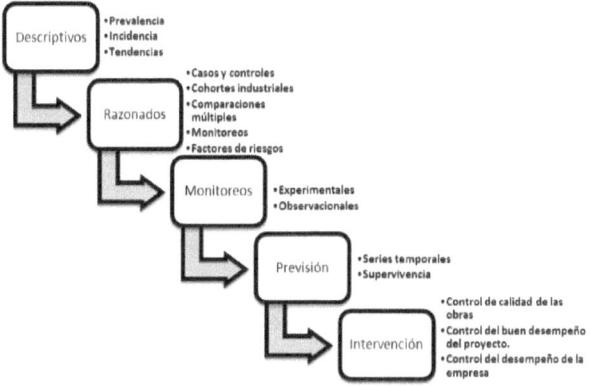

Ilustración 2.9.1-2

1. **Los estudios descriptivos**: en las Ciencias Ingenieriles, describen fenómenos circunstancias temporales y geográficamente determinadas. Su finalidad es describir y/o estimar parámetros; por tanto, pueden ser empleados en estudios con muestras aleatorias.

   Son estudios observacionales, describen características en las unidades de estudio de forma univariada. Por ejemplo, si la unidad de estudio fuera un tractor D6T Carterpillar de cadena. Un estudio descriptivo, describirá su características tales como: potencia al volante de 138 kw, motor C9 con 149 kw, masa de trabajo de 18 393 kg, cadena sobre suelo 2,664 mm, capacidad de la hoja 5.61 m^3, consumo promedio de diesel 29.8 litros/hora, etc.

   Los estudios descriptivos, son estudios univariados pues cuentan únicamente con una variable de estudio. Describen frecuencias si las variables son categóricas, y describen promedios y estiman intervalos de confianza si las variables son numéricas. Estos estudios pueden ser transversales como los estudios de prevalencia, y longitudinales como los estudios de incidencia.

2. **Estudios Razonados**: si se quiere asociar, relacionar y explicar causas de los efectos en las variable. Y, no solamente describir estas, deberá realizarse un estudios Razonado. Los estudios Razonados, son estudios analíticos pueden ser: relacionales y explicativos.

   a- Los estudios relacionales, son estudios de carácter observacional y bivariados. Su propósito es establecer asociaciones entre la variables independientes y dependientes.

   Los estudios relacionales no concluyen con una relación de dependencia, en lo que concluyen es en el planteamiento de una hipótesis de causalidad. Pero no demuestran causalidad.

Las relaciones de dependencia que se encuentra, pude deberse a una relación causal, pero podría también deberse a una relación casual. Si dos variables están relacionadas, su relación puede ser causal o casual (aleatoria).

En estos estudios, la estadística es bivariada y pueden hacerse asociaciones mediante el Chi cuadrado, y medidas de asociación. También pueden hacerse correlaciones y medidas de correlación mediante la correlación de Pearson.

b- Los estudios explicativos. Son estudios que pueden realizare con la intervención del investigador, o sin intervención del investigador.

Son estudios de carácter multivariados, estudian el comportamiento de una variable en función de otras.

Estos estudios requieren control. Y, debido a que el análisis estadístico es insuficiente, estos estudios deben cumplir otros criterios de causalidad tales como los de Austin Bradford Hil: Asociación estadística, relación dosis repuesta, secuencia temporal, razonamiento por analogía, especificidad, experimentación, constancia o consistencia, plausibilidad biológica, coherencia.

El control estadístico es multivariado a fin de descartar asociaciones aleatorias, casuales o espurias entre la variable independiente y la dependiente.

Para efectuar un análisis de un estudios de investigación en el nivel explicativo, se utilizan técnicas como, Chi cuadrado de Mantel-Haenszel, Regresión Logística Binaria, Análisis Factorial de la Varianza, etc.

Los estudios explicativos con intervención del investigador son estudios experimentales.

Un ejemplo de estudio explicativo multivariado son los estudios de "casos y controles"[44], y de cohorte[45] industriales. Aquí, se plantean las relaciones de causalidad a través de estudios de factores de riesgos.

3. **Los monitoreos,** son estudios de seguimientos multivariados. Son estudios analítico especiales, muy particulares en la industria de la construcción, y que tiene lugar en el nivel relacional de la pirámide de la investigación. Se clasifican en monitoreos observacionales y monitoreos experimentales. Monitoreos retrospectivos y monitoreos prospectivos. Son estudios de carácter longitudinales y análiticos.

Son estudios para controlar el curso de acción de los

---

[44] Un estudio de casos y controles, son estudios de Controles Industriales. Estos estudios son, observacionales, analíticos, longitudinales y prospectivos. Estos estudios tienen como objetivos la selección de unidades de estudios en función de que presenten un caso o carezcan de este (control). Un caso puede ser una distorsión, un comportamiento, un patrón, un efecto, un síntoma o malestar que se presenta en un proyecto. Una vez seleccionadas las unidades de estudios en cada grupo, se investiga si estuvieron expuestos o no a una característica de interés y se compara la proporción de las exposiciones en el grupo de casos frente a la del grupo de controles.
[45] Un estudio de cohortes es un estudio de Control Industrial. Es un estudio, observacional, analítico, longitudinal y prospectivo. Mediante este estudio se realizan comparaciones de la frecuencia de un situación, efecto o desenlace entre dos poblaciones estadística. Una de las cuales está expuesta a un determinado factor de exposición, a una situación, o factor de riesgo al que no está expuesta la otra población estadística. Las unidades de estudio que componen los grupos en análisis, se seleccionan en función de la presencia de una determinada característica o exposición.

recursos materiales, mecánicos, financieros y humanos en los Proyectos de obras civiles. La variables estudiadas por lo general en este tipo de estudio son los costos, tiempo y calidad del proyecto.

Los estudios de monitoreos son estudios particulares, debido a que tienen como variables de estudio, el costo del proyecto, el tiempo de ejecución del proyecto y la calidad de las obras del proyecto.

4. **Los estudios de previsión**, son estudios de Controles Industriales. Tienen como propósito predecir y pronosticar eventos y sucesos que se puedan producir en un tiempo futuro durante el desarrollo de las obras de un proyecto. Los estudios de previsión son multi-variables y se requiere de más de una técnica para plantear los modelos de pronósticos más óptimos para el proyecto.

5. **Los estudios de intervención**, son estudios que pretenden resolver una problemática compleja que se ha dado en un proyecto de construcción. Y, de la cual se han realizado estudios de investigación en los niveles analíticos, relacionales y explicativo.

Estos estudios plantean resolver problemas o intervenir en la historia natural de cierta situación compleja dentro de un proyecto. Enmarca a la innovación técnica, artesanal e industrial, así como también a la científica.

Las técnicas estadística utilizadas en estos estudios apuntan a evaluar el éxito de la intervención en cuanto a procesos, resultados e impactos. Para ello se debe identificar los indicadores apropiados para determinar si se encuentran dentro de límites de normalidad. Esto permitirá determinar un buen control de la calidad.

2.9.2. Modelos de estudios científicos

Algunos de los estudios científicos más representativos en la industria de la construcción, y con un diseño de investigación de Controles Industriales, se presenta en la tabla 2.9.2-1.

Los modelos de monitoreos retrospectivos se efectúan siempre sobre las variables costos, tiempo y calidad.

Tabla 2.9.2-1: Modelos de estudios científicos.

NOMBRE DEL ESTUDIO	UNIDAD DE ESTUDIO	VARIABLE DE ESTUDIO	CARACTERISTICA
Prevalencia del desperdicio	Proyecto	Desperdicios	Observacional, retrospectivo, transversal, descriptivo
Incidencia del desperdicio	Proyecto	Desperdicios	Observacional, propectivo, transversal, descriptivo
Prevalencia del acarreo interno	Proyecto	Acarreo interno	Observacional, retrospectivo, transversal, descriptivo
Incidencia del acarreo interno	Proyecto	Acarreo interno	Observacional, propectivo, transversal, descriptivo
Tendencia del costo del proyecto	Proyecto	Costos	Observacional, retrospectivo, transversal, descriptivo
Factores de riesgos del desperdicio	Proyecto	Desperdicios	Observacional, retrospectivo, longitudinales, análiticos
Factores de riesgos del acarreo interno	Proyecto	Acarreo interno	Observacional, retrospectivo, longitudinales, análiticos
Casos y controles	Conceptos de obras	Perdidas económicas	Observacional, retrospectivo, longitudinales, análiticos
Cohortes industriales	Conceptos de obras	Perdidas económicas	Observacional, prospectivo, longitudinales, análiticos
Controles de resultados	Proyecto	Resultado económico	Observacional, retrospectivo, longitudinales, análiticos
Controles de equipos de construcción	Equipo de Construcción	Rendimiento	Experimentales, prospectivos, longitudinales, análiticos
Monitoreo prospectivo	Proyecto	Tiempo	Observacional, prospectivo, longitudinales, análiticos
Monitoreo retrospectivo	Proyecto	Costos	Observacional, retrospectivo, longitudinales, análiticos

2.9.3. Estudios de monitoreos

Para controlar los recursos materiales, mecánicos, financieros y humanos en los Proyectos de obras civiles, es necesario realizar estudios de monitoreos estadísticos. Estudios de monitoreos estadísticos que garantizarán que la recolección de datos y producción de información no se conviertan en simples descripciones anecdóticas, o en representaciones de fenómenos u hechos constructivos que no puedan verificarse posteriormente..

Los estudios de monitoreos son estudios de carácter científicos, son estudios para dar seguimiento y hacer control estadístico a las obras de construcción. Son estudios analíticos y no hermenéuticos, son estudios con intervención y sin intervención del investigador.

Los estudios más comunes son los estudios observacionales, retrospectivos, transversales y analíticos. Son observacionales debido a que no hay intervención del investigador. Son estudios realizados con datos que proporciona la administración de los proyectos de construcción. Los estudios de monitoreos son estudios que duran la vida de un proyecto de construcción (un mes, dos meses, un año, etc), dado que periódicamente la administración del proyecto está suministrando los datos.

Estos estudios tienen la características de producir informes parciales de forma periódica, generalmente un mes. Se producen varios informes, hasta producir el informe final del estudio de monitoreo observacional, el cual tiene como soporte los estudios parciales.

Monitoreo es un término que aún no se ha incluido en el diccionario de la Real Academia Española (RAE). Sin embargo, su origen se encuentra en el término monitor. El Diccionario *panhispánico* de dudas señala que del sustantivo monitor se han creado en español dos verbos, monitorizar y monitorear, ambos con el sentido de 'vigilar o seguir algo mediante un monitor'.

En este libro utilizamos monitorear como la acción y efecto de observar, es el verbo que se utiliza para describir o precisar la acción de supervisar o controlar las acciones o sucesos que ocurren en un ambiente corporativo o en los proyectos de construcción.

1- **Son observacionales y experimentales.** Los monitoreos son observacionales, cuando no existe intervención del investigador; los datos reflejan la evolución natural de los eventos, ajena a la voluntad del investigador. Cuando el investigador interviene modificando los eventos y los saca del proceso natural de evolución los monitoreos son experimentales.

2- **Son retrospectivos o prospectivos**: cuando los datos son suministrados por la administración de los proyectos los estudios son retrospectivos, debido a que los datos necesarios para el estudio no son recogidos a propósito de la investigación (no son datos primarios, son datos que registra la administración de los proyectos). Por lo que el investigador, no posee control del sesgo de medición. El investigador no es quién realiza la medición en las variables, es a través de otras personas que se obtiene la medición de las variables.

Cuando los datos son planeados y recogidos por el investigador los estudios de monitoreos son prospectivos. Por lo que el investigador, posee control del sesgo de medición son estudios altamente seguros y confiables.

3- **Estos estudios son longitudinales**: a causa de que la variable de estudio es medida en varias ocasiones. Por ello, si se realizan comparaciones (antes – después) son entre muestras relacionadas.

4- **Son analíticos**: porque plantean y ponen a prueba hipótesis, su nivel más básico establece la asociación entre factores. Son analíticos debido a que el número de variables de interés es más de una. Por tanto, el análisis estadístico por lo menos es bi-variado.

2.9.4. Planteamiento de los estudios de monitoreos

En la industria de la construcción es muy común escuchar entre Ingenieros y Técnicos la frase platear un problema. También se encuentra esta frase en los documentos de los proyectos (pliego de condiciones, planos, especificaciones técnicas, etc).

El uso de esta expresión es tan común que los Constructores, Ingenieros, Superintendentes de Obras, Gestores de Proyectos y Técnicos en general, suelen utilizarla para referirse al planteamiento de los estudios de investigación, como el planteamiento del problema.

Estas dos frases tienen acepciones o significados distintas. Y, para evitar confusiones se deben utilizar estos conceptos con su significado apropiado.

Plantear un estudio no es igual a plantear un problema. Un problema es por lo general un asunto, una cuestión, un tema que requiere un solución.

Un problema es una situación culminante, destacada o álgida que afecta a una población estadística en los proyectos que se ejecutan en la industria de la construcción. Su solución requiere recorrer con diferentes estudios todos los niveles de la investigación constituyéndose con ello una línea de investigación. Los problemas son generadores de líneas de investigación.

En cambio, los estudios de investigación científica que se llevan a cabo en la construcción de obras civiles, se refieren a las investigaciones realizadas puntualmente en un nivel particular de la pirámide de la investigación y no a lo largo de una línea de investigación.

Por ejemplo los estudios de prevalencia e incidencia son estudios que se llevan a cabo en el nivel descriptivo de la pirámide de la investigación. Los estudios de monitoreos se llevan a cabo en el nivel explicativo de esta pirámide. Y los estudios de asociación se realizan en el nivel relacional de la pirámide de la investigación.

Los problemas en la industria de la construcción existen al margen de que se planteen o no cualquier tipo de estudio para su solución, puesto que cualquier estudio que se plantee se enfocará particularmente en una situación dentro de un nivel de la pirámide de la investigación y no a través de todos los niveles de la pirámide de la investigación.

No se puede realizar un estudio de investigación que recorra al mismo tiempo toda la línea de investigación. Deberán realizarse estudios por separado con la misma unidad de estudio en cada uno de los niveles de investigación. De realizarse un mismo estudio en los seis niveles de investigación, constituirían o se daría origen a una línea de investigación.

Por ejemplo, los problemas de los incumplimientos de contratos que se suceden con cierta regularidad en la industria de la construcción, persistirán independiente de los estudios que se realicen para profundizar sobre las causas que dan origen a estos incumplimientos de contrato.

Pueden realizarse estudios en el nivel descriptivos para caracterizar la variable incumplimiento de contratos. Pueden realizarse estudios con esta variable en el nivel relacional y explicativo para relacionar la variable incumplimiento de contrato con otras variables, o simplemente para explicar las causas de los incumplimiento de contrato. Pero independientemente de las conclusiones a que se llegue, seguirán dándose incumplimientos de contratos en la industria de la construcción.

Para determinar las causas y orígenes de las variaciones e interacciones que tienen las distintas variables en un proyecto de construcción, se requiere realizar estudios en el nivel explicativo de la pirámide de investigación.

A estos estudio se les denomina Estudios de Monitoreo. Por ejemplo: para saber el estado de cumplimiento de los tiempos de ciclos (tiempos de duración de las obras de construcción), se requiere plantear únicamente un estudio en el nivel explicativo. Este estudio podría denominarse "Monitoreo del tiempo de ejecución del proyecto Ch". Para solucionar un problema se requiere primeramente descubrirlo, el descubrimiento del problema corresponde a estudios que se realizan en el nivel de la investigación exploratoria.

Una vez que se ha descubierto el problema, se plantean estudios de prevalencia e incidencia en el nivel descriptivo.

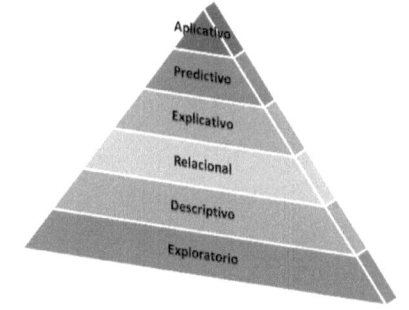

Realizado los estudios de incidencia y prevalencia, se asciende sobre la pirámide de la investigación y se plantearan entonces estudios de factores de riesgos en el nivel relacional de la pirámide de la investigación. Ascendiendo sobre esta pirámide se llega al nivel explicativo donde se realizan estudios de causas del problema encontrado en el nivel exploratorio. Y, se pasa entonces al siguiente nivel, el nivel predictivo donde se realizan estudios de predicciones y pronósticos.

Y, finalmente se concluirán los estudios en el nivel aplicativo, nivel donde se evaluarán las posibilidades de aplicar diversas soluciones para resolver el problema que inicialmente se descubrió en el nivel exploratorio.

A todo este ascenso por los diferentes niveles de la investigación, planteando diferente tipos de estudios sobre el problema descubierto en el nivel exploratorio, constituye lo que se denomina **línea de investigación**.

En cambio los monitoreos no constituyen una línea de investigación, son estudios investigativos dirigidos a analizar las unidades de estudios, explican el comportamiento de una variable en función de otra u otras variables. Se trata de estudios verdaderos que contienen relaciones de causa y efecto.

Los estudios de monitoreos no son estudios hermenéuticos. Los estudios de monitoreos, requieren control estadístico y deben cumplir otros criterios de causalidad. Para demostrar la relación causa efecto no basta con el análisis estadístico.

La estadística en estos estudios, debe participar con sus análisis multivariado para controlar el sesgo o descartar las asociaciones aleatorias que se hayan encontrado en el nivel inferior de la investigación. Asociaciones casuales o espurias, este control se denomina control Estadístico. Un ejemplo de prueba estadística multivariada que permite realizar esta tarea es el Chi Cuadrado de Mantel y Hansel.

Los estudios de monitoreos, se cimientan en métodos analíticos, son procesos y procedimientos que buscan certificar, en gran medida, el seguimiento y la evaluación de las diferentes unidades de estudios (proyectos de construcción). Certificar el estado y comportamiento de las variables de estudios que surgen durante todos los procesos constructivos que se verifican en un proyecto de construcción.

Estos monitoreos pueden realizarse de forma interna o externa al proyecto. Certifican la calidad en los resultados de las diferentes unidades de estudios y no buscan obtener procesos constructivos libres de errores. Sino, comprobar que los resultados de las variables, se encuentran dentro de límites establecidos en los presupuestos y parámetros de calidad aceptables por normas o especificaciones técnicas de los proyectos de construcción.

Por lo tanto, un monitoreo es un proceso sistemático, independiente y documentado para obtener evidencias relacionales y causales. Evaluarlas mediante procesos estadísticos, a fin de determinar que los requisitos se cumplan tal como pudieran haberse concebido durante los procesos presupuestarios y de planificación del proyecto.

Los estudio de monitoreos y seguimiento en la industria de la construcción son estudios para el Control Industrial. Son estudios analíticos que buscan contribuir a la buena Gestión de Proyectos.

Son estudios que se realizan en las unidades de estudios seleccionadas por el investigador. Seleccionadas en función de que estas unidades muestren comportamientos divergentes o no divergentes respecto al plan de ejecución del proyecto. Son seleccionadas de forma general, si estas unidades de estudios muestran un determinado efecto respecto a patrones que posee la empresa constructora o a ciertos comportamientos previstos.

Una vez seleccionadas las unidades de estudios, el investigador verificará estadísticamente si las unidades de estudios seleccionadas han estado expuestas a una característica de interés.

Los estudios de monitoreos, son estudios de seguimientos clásicos. Caracterizados por el hecho de que el planteamiento del estudio se produce con anterioridad al desarrollo de eventos adversos para los procesos constructivos o eventos adversos al proyecto de construcción. Los estudios de monitoreos deben diseñarse para realizarse una vez que se inicia la ejecución de las obras de construcción.

Son estudios con un cierto valor económico y de tiempo, son estudios de gran solidez y fiabilidad, debido a que las probabilidades de que se produzcan sesgos son muy reducidas. Son estudios que le permiten a los Constructores, Gestores de Proyectos y Superintendentes de Obras de construcción contar con la mejor información, y las mejores conclusiones para tomar decisiones oportunas y confiables.

2.9.5. Variables que intervienen en los monitoreos

Los estudios de monitoreos al igual que cualquier estudio de investigación científica, tienen una única unidad de estudio. Estos estudios pueden tener dos o más variables de interés, **pero solamente una variable de estudio o unidad de estudio.**

Una unidad de estudio caracteriza a toda una línea de investigación. Es la entidad que va a ser objeto de medición, y se refiere al sujeto o grupo de sujetos de interés en el monitoreo. Toda la información que vaya a ser utilizada en el estudio de investigación, se obtiene a partir de la unidad de estudio. Incluso, si requieren procesos o pasos intermedios.

En los estudios de monitoreos, la unidad de estudio por excelencia es el proyecto. No obstante, se pueden plantear estudios de monitoreos para unidades de estudios tales como, los equipos de construcción, para los conceptos de obras o para los empleados del proyecto. Pero, debe cumplirse siempre con la condición de que para cada estudio de monitoreo que se realice, solamente existe una única unidad de estudio. Esta unidad de estudio puede ser un tractor, un motonivelador, una estructura en particular, un objeto de obra, etc.

Variables de interés, es el aspecto observable en las unidades de estudios. Son cada una de las variables que participarán en el análisis estadístico con un papel único. Así por ejemplo, en un estudio de factores de riesgos todos los factores planteados en conjunto representan solamente una variable de estudio.

Un tipo especial de variable de interés, es la variable de estudio. La cual aparece explícitamente en el enunciado. Por ejemplo: Monitoreo de Costos del Proyecto Juan XXIII, Monitoreo del Tiempo de Ciclo del Proyecto Hidroeléctrica Pantasma, Monitoreo de la Calidad de las Obras del Proyecto del Hospital Primario de Ch, Monitoreo del proyecto Laboratorios MIFIC, etc.

De las definiciones antes expresadas, se infiere que todas las variables que surgen o se dan durante los procesos constructivos en un proyecto de construcción, deberían monitorearse. Sin embargo, las variables que generalmente se monitorean en un proyecto de obras civiles, son las que están estrechamente relacionadas con **las tres máximas de la construcción, tiempo, costos y calidad.** Las cuales tienen como unidad de estudio el proyecto.

2.9.6. Ventajas de aplicar estudio de monitoreos

Entre las múltiples ventajas que ese obtiene al realizar estudios de monitoreos en los proyectos que se ejecutan en la industria de la construcción, están las siguientes:

1. Estudiar factores de exposición extraños, insólitos, raros en la unidad de estudios.
2. Visualizar los múltiples efectos que puede tener una unidad de estudio que ha estado expuesta a un estado divergente a lo previsto en los planes de ejecución de obras del proyecto.
3. Observar simultáneamente los efectos de varias exposiciones divergentes (siempre y cuando esta posibilidad sea planteada desde el principio del estudio) en la unidad de estudio.
4. Posibilitar la muestra de la secuencia temporal entre exposición y desenlace.
5. Permitir la estimación de incidencia y riesgo relativo.
6. Establecer claramente la secuencia de sucesos de interés como es la exposición o divergencia en la unidad de estudio.
7. Evitar el sesgo de supervivencia.
8. Tener mejor control sobre la selección de unidades de estudios.
9. Tener mayor control de las medidas.

10. Observar todos los movimientos y variaciones alrededor de la unidad de estudio.

2.9.7. Técnicas para realizar estudios de monitoreo

Para plantear un estudio de monitoreo, debe seguir siete pasos. Estos se describen a continuación:

a. Plantear el **enunciado del estudio de monitoreo.** Enunciar significa expresar la intencionalidad del investigador. Implica formular su estudio mediante arreglo de términos según la relación observada entre ellos. El enunciado del estudio debe contener cinco elementos:

1. El término monitoreo.
2. El nombre de la variable de estudio.
3. El nombre del proyecto.
4. Localización geográfica del proyecto.

Así por ejemplo, el nombre de los estudios de monitoreos, deben contener el termino monitoreo + el nombre de la variable de estudio + el nombre del proyecto + la localización geográfica.

Por ejemplo: "Monitoreo del Costo del Proyecto Acueducto Alpino, Managua. Nicaragua. Este enunciado hace alusión a un estudio de la variable costo del proyecto Alpino, ubicado en Managua, Nicaragua. Es un estudio observacional, longitudinal, prospectivo y analítico. Debido a que su enunciado contiene el término monitoreo.

b. Definir la **operacionalización de variables**: todos los estudios de monitoreos son multifactoriales por lo que el número de variables es infinito. Por tanto, es preciso delimitar mediante un cuadro de operacionalización todas las variables que harán parte del estudio.

En este cuadro, se identifican las variables agrupándolas en variables de interés y de acuerdo a su probable relación. También se consignarán sus indicadores y el valor final que pueden asumir luego de su medición, reconociendo su escala de medición.

c. Haber realizado estudios descriptivos y relacionales con las variables de interés que participarán en el estudio de monitoreo.

Los estudios de monitoreos, son estudios que pertenecen al nivel explicativo del triángulo niveles de la investigación. Por tanto, es en este nivel donde se desarrolla el estudio. De manera que el investigador, deberá saber por estudios realizados en el nivel descriptivo y relacional el tipo de relación que hay entre las variables de interés y la variable de estudio. También deberá conocer las características de las variables que participarán en el estudio de monitoreo.

d. Seleccionar la población a estudiar, o seleccionar una muestra de esta población si no fuera posible trabajar con la población estadística. En estadística, es siempre mejor que los estudios de investigación, se realicen con la población estadística y no con una muestra.

Las tres variables que utilizadas para efectuar estudios de monitoreos, son el costo, tiempo y calidad de las obras. De forma tal que cualquiera de estas tres variables que se elijan para realizar el estudio de monitoreo, la unidad de estudio siempre será el proyecto.

Si la variable de estudio fuera el costo. La población de costo será la población de estudio. Esta población, cuando inician los estudio de monitoreo no existe. Si no, que irá surgiendo en la medida que la obra vaya avanzado o vaya desarrollándose.

De tal forma, que una característica de los estudios de monitoreo, es que se trabaja con la población que se tiene cada mes. Cada mes se produce un informe de los estudios de monitoreos, finalmente estos estudios se consolidan y se tendrá el informe final de los estudios de monitoreos.

e. Medir en la muestra o en la población las unidades de estudios que hayan estado expuestas, o no hayan estado expuesta a situaciones divergentes. Medir si el factor de riesgo está ausente o presente.

En la Gestión de Proyecto un factor de riesgo es toda circunstancia o situación que aumenta las probabilidades de que una unidad de estudio se sitúe en un estado divergente respecto a los planes previstos del proyecto. Hay que diferenciar los factores de riesgos de los factores pronósticos. Estos últimos son aquellos que predicen una situación cuando esta ya está presente en el proyecto.

Existen cuatro tipos de riesgos: Riesgo individual, Riesgo relativo, Riesgo atribuible y Fracción del riesgo.

Riesgo individual, es la relación entre la frecuencia de la situación divergente en las unidades de estudio expuestas al probable factor causal y la frecuencia en las unidades de estudios no expuestas.

Riesgo relativo (RR), es la posibilidad que tiene una unidad de estudio o un grupo de la población estadística, que tiene ciertas características propensa para adquirir un estado divergente o situación no deseada, a ser afectada por la situación divergente que se ha presentado en el proyecto. La tabla 2.9.7-1 muestra un esquema para plantear un análisis RR. Este se calcula mediante la ecuación siguiente:

$$RR = [a/(a+b)]/[c/(c+d)]$$

Tabla 2.9.7-1: esquema de análisis del RR.

ESTADO	SITUACION DIVERGENTE		TOTAL
	Unidades de estudios afectadas	Unidades de estudios NO afectadas	
Expuestas	a	b	a+b
No expuestas	c	d	c+d
Total	a+c	b+d	N

El riesgo relativo es una medida relativa del efecto, indica cuánto veces tiende a desarrollar el evento en el grupo de unidades de estudios expuestas al factor riesgo, en relación con el grupo de unidades de estudios no expuestas.

Características del RR

- El riesgo relativo (RR) no tiene dimensiones.
- El rango de valores de RR oscila entre 0 e infinito.
- Identifica la magnitud o fuerza de la asociación, lo cual permite comparar la frecuencia con que ocurre el evento entre las unidades de estudios que tienen el factor de riesgo y las que no lo tienen.
- El RR=1 indica que no hay asociación entre la presencia del factor de riesgo y el evento.
- El RR>1 indica que existe asociación positiva, es decir, que la presencia del factor de riesgo se

asocia a una mayor frecuencia de suceder el evento.
- El RR<1 indica que existe una asociación negativa, es decir, que no existe factor de riesgo, que lo que existe es un factor protector.
- El riesgo relativo no puede utilizarse en los estudios de casos y controles o estudios retrospectivos. Debido a que no es posible calcular las tasas de incidencia. En estos casos se utiliza el odds ratio.
- El concepto de riesgo relativo es más difícil de interpretar que el de riesgo absoluto. Hay que tener en cuenta que un riesgo relativo alto en una situación divergente no implica necesariamente que el riesgo absoluto sea alto.

Riesgo atribuible (RA), es parte del riesgo individual en las unidades de estudio que pueden ser relacionadas exclusivamente con el factor estudiado y no con otros.

En las Ciencias de la Construcción, el riesgo atribuible (RA) en una población estadística expuesta a un factor de riesgo, es la diferencia entre la incidencia de la situación divergente en expuestos I_e y los no expuestos I_{ne} al factor de riesgo.

La diferencia entre estos dos valores, proporciona el valor del riesgo a que las unidades de estudios estén en un estado de situación divergente[46]. Debido exclusivamente a la exposición al factor de riesgo. El (RA) se calcula mediante la ecuación siguiente:

$$RA = I_e - I_{ne}$$

---

[46] Situación divergente es un situación no deseada para el proyecto o que diverge de los programa previstos para el mismo.

Por ejemplo. ¿Influye la exposición al factor de riesgo de "falta de suministros" para que no se finalice un proyecto en el tiempo previsto?, ¿cuál es el riesgo atribuible RA?. La tabla 2.9.7-2, muestra los conceptos de obras de un proyecto vertical, analizados como unidades de estudios.

Tabla 2.9.7-2: conceptos de obras de un proyecto.

ESTADO	Unidades de estudios afectadas (atrazadas)	Unidades de estudios NO afectadas (no atrazadas)	TOTAL
Expuestas al factor riesgo de falta de suministros	28	320	348
No expuestas al factor riesgo de falta de suministros	32	625	657
Total	60	945	1005

Análisis

De 348 unidades de estudio[47] expuestas al factor de riesgo "falta de suministros", 28 unidades de estudios contribuyen a que se de la situación divergente "el proyecto no finalizará". Entonces, la incidencia de las unidades de estudio expuestas al factor riesgo es igual $I_e = 28/348 = 0.08045$.

De 657 unidades de estudio no expuestas al factor de riesgo "falta de suministros", 32 unidades de estudios contribuyen a la situación divergente "el proyecto no finalizará". Entonces, la incidencia de las unidades de estudios expuestas es igual $I_{ne} = 32/657 = 0.04870$.

---

[47] Las unidades de estudio en este ejemplo son los conceptos de obras. En este proyecto se dieron o estuvo constituido de 1,005 conceptos de obras.

Por tanto, el riesgo atribuible (RA) = 0.08045 - 0.04870 = 0.03175.

Conclusión: 3 de cada 1,000 unidades de estudio, expuestas al factor de riesgo "falta de suministros", contribuyen a desarrollar la situación divergente "el proyecto no finalizará". Esta contribución es debido o es atribuible al hecho de estar expuestas al factor "falta de suministros".

Otra forma de expresar este riesgo es mediante el porcentaje de riesgo atribuible, %RA = (1-1/RR)*100. RR es el riesgo relativo y es igual a RR = Ie/ I_{ne}. RR = 0.08045/0.04870 =1.6519

%RA = (1-1/1.6519)*100 = 34.97%.

Conclusión: el 34.97% de las unidades de estudio (conceptos de obras), expuestas al factor de riesgo "falta de suministros", contribuyen a que "el proyecto no finalice en el tiempo previsto".

Esta contribución es debido o es atribuible al hecho de estar expuestas al factor "falta de suministros".

Fracción etiológica[48] **del riesgo** es la proporción del riesgo total de un grupo de unidades de estudio, que puede ser relacionada exclusivamente con el factor estudiado y del resto del mundo.

La fracción etiológica del riesgo, se refiere a todos aquellos factores ambientales que dependen de las propiedades físicas de los cuerpos, tales como carga física, ruido,

---

[48] La etiología es la ciencia que estudia las causas de las cosas. La palabra se usa en filosofía, biología, física, y psicología para referirse a las causas de los fenómenos.

iluminación, radiación ionizante, radiación no ionizante, temperatura elevada y vibración. Que actúan sobre las unidades de estudio, y que pueden producir efectos nocivos, de acuerdo con la intensidad y tiempo de exposición de los mismos.

f. **Monitorear las variables.** Aquí debe darse seguimiento al conjunto o serie de variables de interés para obtener las explicaciones del estado o tipo de divergencia que muestre la variable o unidad de estudio.

g. **Medir las variables,** es decir, la presencia o ausencia del grado de divergencia que muestran las unidades de estudio.

Ejemplo: si el estudio es el de #Monitoreo de Costo del Proyecto Ch en Nicaragua", se deberá medir la variable de estudio, se debe cuantificarse el costo, deberá explicarse las relaciones que tiene con otras variables de interés.

Se debe explicar la causas de su decremento o incremento respecto a los planes previsto. Debe describirse cuales fueron aquellas variables que están incidiendo en los incrementos o decrementos del costo, etc.

2.9.8. Dimensiones de las variables

A las variables que intervienen en los monitoreos y seguimientos que se efectúan a los procesos constructivos son llamadas variables analíticas. Las variables analíticas tienen como característica principal que son medibles. Lo que se mide en las variables analíticas son sus dimensiones. Las dimensiones de las variables analíticas son de dos tipos: **dimensiones físicas y dimensiones lógicas.**

Las dimensiones físicas son las dimensiones observables, que se pueden medir en las unidades de estudios. Son dimensiones que han sido conceptualizadas y están contenidas en el Sistema Internacional de Unidades (SI) y sus derivaciones, ejemplos de dimensiones físicas: kgs/cms², metro, kilogramo, segundo, meses, etc. Para medir estas variables se utilizan instrumentos de medición mecánicos tales como: cono de Abrams, consistómetro de vebe[49], basculas, termómetros, cronómetros, etc.

Las dimensiones lógicas son aquellas dimensiones no físicas, no se pueden observar y medir de manera directa en las unidades de estudios. Estas dimensiones lógicas no están contenidas ni han sido conceptualizadas por el Sistema Internacional de Unidades (SI) y sus derivaciones, pero si es posible medirlas. Ejemplo de dimensiones lógicas: la inteligencia, el clima organizacional, todos aquellos conceptos de obras cuya unidad de medida es "global", etc.

Las variables objetivas se enfocan en la medición de las dimensiones físicas. No existe ningún tipo de dificultad para evaluar una variable objetivas, solamente se requiere un instrumento mecánico. Y las variables subjetivas se enfocan en la medición de las dimensiones lógicas y para su medición se requiere un instrumento lógico.

Las unidades de estudios son las unidades de la cual se necesita información, es el recurso humano, equipo y objeto de obra de donde se obtienen los datos. La unidades de estudios corresponde a la entidad que va a ser objeto de medición y se refiere al qué o quién es sujeto de interés en el monitoreo o seguimiento de las obras.

---

[49] Es una placa de vidrio sobre una mesa vibrante que mide en segundos el tiempo que tarda en extenderse totalmente el hormigón. Si el resultado es inferior a 5 segundos, el ensayo es poco significativo.

Es posible que la obtención de información pueda requerir ir a pasos intermedios. **La unidad de estudio es única en un trabajo de monitoreo o seguimiento**, aunque puedan haber otras variables de interés que intervengan en estos procesos. Pero un estudio de monitoreo o seguimiento es único para una variable analítica denominada variable de estudio.

Las variables analíticas objetivas pueden ser individuales o colectivas. Las variables individuales corresponden a las unidades de estudios individuales, ejemplo: las unidades de ejecución de obras de cada concepto u objeto de obra del proyecto. Y las colectivas corresponden a las unidades de estudios colectivas, ejemplo: el índice de ejecución de obra (% de ejecución de obra) de la etapa de cimentación.

De estos conceptos se deriva que existen variables destinadas a medir unidades de estudios individuales y otras que miden grupos de unidades de estudios. Las variables analíticas colectivas se utilizan en estudios de monitoreo y seguimiento de la población de todas las unidades de estudios en un proyecto o de la empresa.

Los monitoreos y seguimiento del índice de iliquidez del proyecto, o cierto índice de pérdidas económica para cierto concepto de obra o etapa del proyecto; son monitoreos poblacionales, son características de la población, sus resultados corresponden a la población estudiada y no a las unidades de estudios individuales.

Estos resultados son obtenidos de variables analíticas colectivas. Estos tipos de monitoreo y seguimientos pueden realizarse a través de datos muéstrales e inferir resultados para toda la población de las unidades de estudios de un proyecto o de una empresa. Las variables colectivas miden las características de poblaciones de las unidades de estudios, mientras que las características de las unidades de estudios individuales son medidas mediante las variables individuales.

Existen variables cuyas características colectivas se obtienen de las características de variables individuales, ejemplo: el índice de ejecución de la etapa de acabados (% de ejecución de acabados). Este índice es construido a partir de las cantidades de obras ejecutadas de cada uno de los objetos de obras que compone la etapa "acabados".

2.9.9. Variables unidimensionales y multidimensionales

Las variables analíticas pueden ser unidimensionales, estas variables son aquellas que tienen indicadores directos, la mismas variable es su propios indicadore. Ejemplo: metros cúbicos de excavación (m^3), metros de tubería PVC-SDR-26 instalada (m), etc. Cada una de estas variables citadas tiene como dimensiones al m^3 y al metro respectivamente.

También, las variables analíticas pueden ser del tipo multidimensional. Estas variables multidimensionales son aquellas que tienen dos o más indicadores físicos. Tales como la presión (kgs/cms^2), peso volumétrico (ton/m^3), etc.

Estas dos variables de ejemplo tienen dos dimensiones cada una de ellas. La primera tiene al kilogramo y al centímetro cuadrado, y la segunda tiene a la tonelada y al metro cúbico.

2.9.10. Variables subjetivas

Para medir las variables subjetivas se requieren instrumentos lógicos, para lo cual es necesario definir operacionalmente el concepto teórico que se quiere medir. Estos instrumentos también son llamados constructos.

Un constructo es un instrumento unidimensional o

multidimensional cuyo objetivo es evaluar las capacidades, actitudes o prácticas de los empleados u obreros de un proyecto de construcción.

También tienen como objetivos medir aquellos conceptos de obras que son medibles, tales como "tanque metálico sobre suelo de 20,000 galones". Este concepto de obra tiene como unidad de medida "global" y no el galón puesto que el costo unitario corresponderá al valor total de esta obra. Para medir este concepto de obra se requiere construir un constructo.

Los constructos o instrumentos de medición documentales se clasifican en: cuestionarios, escalas, inventarios y proporción. Un constructo tipo cuestionario es un instrumento que contiene un conjunto de preguntas cuyo objetivo es evaluar alguna capacidad, ejemplo la capacidad cognitiva de los obreros. Estos constructos contienen variables categóricas dicótomas, ejemplo: un cuestionario para medir el clima laboral en un proyecto de construcción.

Mediante estos instrumentos de medición lógicos, se mide el ambiente generado por las emociones de los empleados o miembros de un proyecto, este ambiente está directamente relacionado con la motivación de los empleados, está relacionado con la parte emocional de todos los recursos humanos de un proyecto.

Un constructo tipo escala es un instrumento mediante el cual los evaluados indican su acuerdo o desacuerdo sobre una serie de enunciados que se les plantea, las repuestas que brindan los empleados u obreros de un proyecto son de forma ordenadas y constituyen variables categóricas ordinales. Ejemplo: la escala de actitudes de los obreros ante cierta disposiciones tomadas por un Superintendente de Obras.

Un constructo del tipo inventario es un instrumento lógico

multidimensional en el que cada repuesta brindada por los empleados u obreros de un proyecto no es considerada incorrecta o correcta. Son test mediante los cuales se obtienen variables categóricas politómicas. Cada resultado es distinto de los otros. Ejemplo: el test de las capacidades múltiples de los obreros, test de personalidad de los obreros, etc.

Los constructos del tipo **proporción** son instrumento seudológicos multidimensionales, son instrumentos que contiene un conjunto de conceptos derivados de la descomposición del concepto de obra que se quiere medir.

Ejemplo "foso séptico anaeróbico", este concepto de obra en la lista de obras del contrato para la construcción de un residencial de 100 viviendas, describe como unidad de medida la unidad "global". Por tanto se trata de una variable lógica, politómica. Para el monitoreo de este concepto de obra será necesario elaborar un constructo que contenga los subconceptos de obras tales como: m^3 de excavación y desalojo, m^3 de concreto, kgs de acero, m^2 de formaleta y metros de tubería PVC SDR-31, Ø 12".

2.10. Cuando se debe elegir una muestra

Los procesos constructivos que se aplican en la industria de la construcción son procesos generadores de abundantes variables, tanto objetivas como subjetivas, categóricas y numéricas. Estos procesos constructivos disponen de una fuente exuberante de datos que recolectados apropiadamente, y conforme a los diferentes estudios de investigación que se pueden realizar en la industria de la construcción. Generarían información trascendental y de gran utilidad en los proyectos de construcción.

El proceso Estadístico que se les dé a los datos, debidamente medidos y recolectados, a través de los estudios de investigación que se planteen en un proyecto, producirá información útil. Tanto para asegurar una ejecución exitosa de los proyectos, como para proveer ventajas competitivas a la empresa constructora.

Cuando los Constructores dan apertura a la ejecución de las obras de construcción de un proyecto, horizontal, vertical, eólico, marino, etc. Los Constructores, previamente dieron inicio del proceso de generación de datos que se da durante la fase presupuestaria, licitación y contratación de un proyecto. Dichos datos, deben ser la base para diseñar un sistema de Control Industrial mediante el cual, se definan los estudios de investigación demandados por los proyectos de construcción.

En la práctica, los Constructores, Gestores de Proyectos y Superintendentes de Obras, obvian durante la fase de planificación diseñar el sistema de Control Industrial. Obvian, definir los tipos de estudios de investigación que ejecutarán durante la vida del proyecto de construcción. Por tanto, también, obvian definir el equipo de investigación que hará las investigaciones y seleccionar las técnicas de muestreo o las técnicas de recolección de datos en la población estadística.

Los Constructores y Gestores de Proyectos soslayan, en su planificación para la ejecución de las obras del proyecto, el diseño de los sistema de Controles Industriales. Lo soslayan, debido a que desconocen o se resisten aplicar las técnicas de Estadística para llevar a cabo la Gestión de Proyectos.

En estadística, se conoce como muestreo a la técnica empleada para la selección de una muestra de una población estadística. Muestra, es una parte de la población que debe estudiarse para obtener conclusiones de los datos analizados, y así obtener propiedades y características de la población estadística.

A este proceso se le llama inferencia. La inferencia es más segura, es más convincente cuando se obtienen los datos a partir de muestras aleatorias o a partir de experimentos comparativos aleatorizados[50].

La razón de obtener inferencias más seguras y convincentes, se debe a que cuando se utilizan procesos aleatorios para seleccionar unidades de estudios en una población estadística de un proyecto de construcción. Las leyes de la probabilidad, permiten responder a la pregunta: "¿qué ocurriría si se repitiera muchas veces la selección de estas unidades de estudios?", esta pregunta la responde el teorema del límite central.

La muestra es una forma o un procedimiento para medir lo que está ocurriendo en una población. El conocimiento que se tenga de la población a partir de una muestra, será más real en la medida que se seleccionen muestras representativas mediante la aplicación de métodos de muestreo debidamente apropiados.

Las muestras se estudian debido a que no siempre es posible acceder a la población. Existen tres circunstancia en la cuales no es posible estudiar a la población: cuando la población es desconocida o se desconoce el marco muestral, cuando la población es inaccesible y cuando la población es inalcanzables.

1-Cuando la población es desconocida: cuando se carece de un marco muestral. Cuando no se dispone de un listado de todas las unidades de estudio. Cuando no hay forma de conocer e identificar

---

[50] Los experimentos aleatorios comparativos, son experimentos en los cuales los procedimientos o métodos se comparan por sus efectos medios sobre una variable respuesta. Con el objeto de determinar cuál de ellos es "mejor" en algún sentido. El propósito de este tipo de experimentos es proveer información necesaria para tomar decisiones administrativas satisfactorias. La principal característica de este tipo de experimentación es que todos los procedimientos, métodos o sistemas de interés están incluidos en el experimento. Diseño Experimental para Postgrado. http://www.virtual.unal.edu.co/cursos/ciencias/dis_exp/und_2/html/cont_04.html.

a cada uno de los elementos que conforman la población. Cuando no es posible conocer la magnitud de la población.

Cuando ocurren circunstancias como las antes descritas, los Constructores y Gestores de Proyectos deben recurrir a la extracción de muestras representativas de la población para realizar los estudios de investigación. Estos estudios de investigación nunca podrán ser realizado durante la fase de planificación de construcción de las obras, debido a que la población de cualquier variable es aún desconocida puesto que aún muchas de las unidades de estudio que tendrá el proyecto no existen.

También, durante el proceso de Construcción los Constructores y Gestores de Proyectos quisieran conocer el comportamiento de muchas variables claves para la conformación del costo final del proyecto o para definir el tiempo de finalización del proyecto. Sin embargo, no pueden estudiar la población debido a que aún las obras están en proceso y por tanto no se cuenta con la población de estudio.

En tales circunstancias, es necesario recurrir a extraer una muestra representativa de la población de las obras ya ejecutadas para efectuar estimaciones que les permita a los Constructores y Gestores de Proyectos, realizar estudios de investigación prospectivos que les brinde información veraz y confiable para tomar decisiones oportunas.

A ningún Constructor o Gestor de Proyecto le es útil saber, cuando haya finalizado el proyecto, que el combustible que planificó para realizar las obras de un proyecto, se agotó cuando aún le quedaba más del 30% de las obras por realizar. A ningún Constructor le es de interés enterarse que el proyecto produjo miles o millones de dólares en pérdidas, cuando el proyecto tiene un mes de haber finalizado.

En general, para evitar situaciones como las antes citadas. Los materiales, los recursos financieros, humanos y técnicos que absorben día a día los proyectos de construcción, deberían estar incluidos en los estudios de investigación científica, que les provea información pertinente a Constructores y Gestores de Proyectos para que puedan anticiparse a posibles sorpresas.

2-Cuando la población es inaccesible: existen muchas obras o materiales en la industria de la construcción donde la población es inaccesible, debido a que un estudio sobre toda la población implicaría la destrucción de estas obras o materiales. Ejemplo de estos materiales es el acero para refuerzo que se utiliza en las estructuras de concreto. Al cual, se le debe practicar antes de su uso estudios reológicos mediante ensayos destructivos.

En tales circunstancias, por razones económicas, no se deben realizan estos estudios reológicos en toda la población. Sino, que se debe recurrir a seleccionar una muestra representativa del acero en la población. Sólo entonces, se debe practicar el análisis de esfuerzo-deformación sobre esta muestra representativa. En general las cantidades de muestras a extraer se precisan en las especificaciones técnicas de los proyectos de construcción.

3-Cuando la población es inalcanzables: la población es inalcanzable por su magnitud cuando el tamaño de ésta es extremadamente grande. Ejemplo: en el análisis de las propiedades físicas y mecánicas de las arenas para fabricar hormigón o mortero, no se precisa estudiar a toda la población de arena que se utilizará en un proyecto para obtener los resultados. Bastará con obtener muestras representativas para saber si cumple o no las especificaciones del proyecto.

Otro ejemplo de población inalcanzable, se da cuando se excava un pozo para extraer agua potable. Antes de la explotación del pozo deben realizarse análisis, físico, químico y bacteriológico del agua del pozo. Estos análisis determinarán, propiedades físicas, presencia de elementos pesados, concentración de minerales por encima de parámetros aceptados y concentraciones de elementos patógenos.

En estos caso de análisis de agua, la magnitud de la población es desconocida aunque se conoce sus características de contenido. Por tanto en estos casos, se debe recurrir a la extracción de una muestra representativa para estudiar a la población de agua del manto acuífero que se encuentra bajo el subsuelo.

Existen dos grandes grupos de muestreo. Las probabilísticos y los no probabilísticos. Cualquiera de éstos, se selecciona en dependencia de las circunstancias del estudio. No se selecciona una técnica probabilística o no probabilística por ser una más fácil que la otra, es el estudio de investigación científico que se realiza el que finalmente determina que técnica de muestreo debe seleccionarse.

Dentro de estos dos grupos de muestreo, probabilísticos y no probabilísticos, existe diversos tipos de muestreo. El cual debe ser seleccionado de forma apropiada. En este libro no abordamos la técnicas de muestreo debido a que es un tema relativamente amplio.

2.11. ¿Qué es el error estándar?

Uno de los conceptos más útiles que encontramos en la Estadística aplicada es precisamente el de **"error estándar"**. El término de error estándar fue definido por el estadístico del Reino Unido George Udny Yule a inicios del siglo XX (Estadístico nacido en Escocia. Sus aportes teóricos y prácticos están relacionados con la Correlación y regresión).

La **norma de la ASTM E2586, Prácticas para Calcular y Usar Estadísticas Básicas**, define como error estándar a la desviación estándar de la población de valores muestrales, durante un muestreo repetido o su estimación.

En la industria de la construcción en general, los valores que se encuentran en una población o en una muestra se producen dentro de un medio de incertidumbre. Los proyectos de construcción son complejos, debido a que son ejecutados en ambientes de incertidumbre.

El término incertidumbre está estrechamente relacionado con el error estándar. Los estadísticos y profesionales de la industria de la construcción en los últimos años han dedicado atención a estos estimadores estadísticos.

El error estándar mide el error aleatorio, es un estimador estadístico que nos informa del tipo de error causado por la variación aleatoria de muestreo al repetir una prueba en las mismas condiciones.

La incertidumbre es un concepto más profundo el cual incluye elementos adicionales como el error potencial, además del error aleatorio. La **norma E2655 de la American Society for Testing and Materials (ASTM)**, Guía estándar para la comunicación de la incertidumbre de los resultados de pruebas y uso de la incertidumbre en la medición. Plazo en los métodos de ensayo ASTM. Proporciona los conceptos necesarios para entender el término " incertidumbre " cuando se aplica a un resultado cuantitativo.

En los procesos constructivos, a los Constructores suelen estar más preocupados por los resultados de los datos estadísticos, que por las mediciones individuales que se deben realizar a las unidades de estudio.

ESTADÍSTICA PARA CONSTRUCTORES

A estos Constructores, les es de mucha utilidad analizar promedios, varianzas, rangos, proporciones, valores máximos o mínimos, percentiles u otras estadísticas. Sin embargo, también les debe resultar de mucha utilidad su apreciación y observación en los resultados estadísticos de las variables. Sería de mucha utilidad, que observarán que los resultado estadísticos de las variables se comportan de forma similar cuando se efectúan mediciones en las unidades de estudios.

Sería de mucha utilidad que los Constructores observarán que se producen diferencia en los resultados estadísticos, tal como se producen estas diferencias cuando se realizan varias mediciones en las unidades de estudio.

La diferencia entre los valores observados en la muestra y los valores de la población, se conoce como **variabilidad estándar y se mide mediante el error estándar.**

Cuando se nos informa del de un estadístico encontrada en una muestra que se obtuvo de una población, no se nos está informando el promedio efectivo o el promedio verdadero que existe en la población estadística.

Sino que, se nos está informado de una estimación obtenida en la muestra. La estadística muestral puede resultar ligeramente superior o inferior respecto al valor efectivo o verdadero que existe en la población estadística.

El error estándar de la media, también conocida como la desviación estándar. Mide la diferencia que existe entre la media efectiva o verdadera (parámetro de la población) y el valor estadístico muestral que conocemos de la muestra. En términos generales, podemos expresar que el **"error estándar"** es un valor estadístico estimado con la muestra. Cuando se calcula un valor estadístico único, es posible calcular el error estándar de la estimación. En general, cuanto mayor sea el tamaño de la muestra, menor será el error estándar de una cantidad estimada.

Como ejemplo analicemos una media muestral. A partir de una muestra de tamaño "n". Se calculan la media muestral $\ddot{X}$ y la desviación estándar S. La muestra por tanto nos proporciona las estimaciones $\ddot{X}$ y S. Si muestrearemos repetidamente a la población de la cual se toma la muestra, y calculáramos la media muestral una y otra vez, la desviación estándar de la distribución de las medias produciría el error estándar efectivo o verdadero de la media (teorema central del límite).

La ecuación para sus cálculos sería la siguiente:

$SE(\ddot{X}) = \delta/\sqrt{n}$ (Ecuación 1), δ es la desviación estándar de la población.

Sin embargo, debido a que solamente disponemos de una muestra de tamaño "n" obtenemos **la media muestral $\ddot{X}$ y la desviación estándar S**, la ecuación que empleamos en estos casos para calcular el error estándar es la siguiente:

$SE(\ddot{X}) = S/\sqrt{n}$ (Ecuación 2)

El error que se produce en nuestras estimaciones por considerar a una muestra y no toda la población se llama error de muestreo, y se mide como la desviación absoluta del valor verdadero desconocido.

Por lo tanto, para una distribución Normal, el error muestral puede considerarse como la desviación entre la media muestral $\ddot{X}$ y la media poblacional μ, expresado

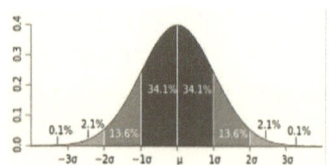

ESTADÍSTICA PARA CONSTRUCTORES

por $|\ddot{X} - \mu|$. Alrededor del 68% de las veces el error muestral tendrá como máximo el tamaño de un error estándar, y en el 95% de los casos, será dos veces el error estándar. Esto puede expresarse concisamente de la forma siguiente:

$|\ddot{X} - \mu| \leq S/\sqrt{n}$ (Ecuación 3)

$|\ddot{X} - \mu| \leq 2*S/\sqrt{n}$ (Ecuación 4)

De esta manera, aplicando la dos ecuaciones 3 y 4 los Constructores y Gestores de Proyectos, tendrán una idea de la magnitud de la diferencia que pudo haberse verificado entre los resultados estadístico y los valores que efectivamente existen en una población estadística. La manera en que el tamaño de la muestra afecta el posible error de una estimación y qué probabilidad aproximada (confianza) debe tener con las estimaciones.

Como ejemplo consideraremos una muestra de 25 resultados obtenidos con la ruptura de especímenes de hormigón cuyos resultado tienen una distribución normal. Esto tiene **similitud con la construcción de un intervalo de confianza** para una media desconocida.

En la norma E2586 de ASTM se tratan los intervalos de confianza y se ha publicado un artículo de DataPoints sobre este tema.

Consideremos que en una muestra de especímenes de hormigón de tamaño n = 25 unidades llevados hasta el punto de ruptura en un laboratorio, se determinó en la muestra que la resistencia media a la compresión es 270 kgs/cms². Desviándose los datos de la media 12 kgs/cms². Entonces, el error estándar de la resistencia media a la compresión de la muestra respecto a la media de la población se obtiene mediante la ecuación 2: $(12 \text{ kgs/cms}^2)/\sqrt{25} = 2,4$ kgs/cms², **esto expresa incertidumbre.**

De este modo, con un 68% de confianza la resistencia media a la compresión de los especímenes estará comprendida dentro de los valores de (270 kgs/cms² ±2,4 kgs/cms²), abreviadamente según **norma E2655** ASTM es 270±2,4 . También podemos afirmar, que con un 95% de confianza la resistencia media a la compresión de los especimentes de hormigón es de 270 kgs/cms² ±2(2,4 kgs/cms²) = 270±4.8 kgs/cms².

Otra aplicación del error estándar lo encontramos en los **muestreos de control de calidad,** aquí se observa cada objeto o concepto de obra, o estructura construida y se identifica la ocurrencia de un atributo. La Estadística, es la proporción de la muestra que tiene ese atributo. La proporción verdadera y desconocida de todos los objetos o conceptos de obra o estructura construida es "P". El error estándar teórico de la estimación sería:

$$SE(P) = (\sqrt{P(1-P)/n}) \quad \text{(Ecuación 5)}$$

En la práctica no conocemos nunca el valor verdadero de "p", de modo que reemplazamos el "P" y obtenemos una estimación del error estándar. Utilizando la Ecuación 5, el error estándar estimado se obtiene de la siguiente ecuación:

$$SE(p) = (\sqrt{p(1-p)/n}) \quad \text{(Ecuación 6)}$$

Cuando esta técnica se utiliza en un **estudio de control de calidad de obras terminadas,** o en una investigación de mercado, la cantidad 2SE(p) se denomina margen de error.

Supongamos que en una muestra con **n = 200 unidades de piso monostrato de 30x30 centímetros** que se colocó en un hospital primario. Este piso fue inspeccionado por el Supervisor del proyecto, este Supervisor clasificó 10 unidades como defectuosamente instaladas por los albañiles.

La estimación de la proporción defectuosa del proceso de instalación **es igual a 10/200 = 0,05 ó 5%**. El error estándar de esta estimación de haberse estudiado la población, será entonces $[\overline{\sqrt{0.05(1-0.05)/200}}]=0.01541$ o 1.54%, usando la ecuación 6.

Si las especificaciones técnicas del proyecto preceptuaran una admisibilidad de defectos para la población de piso monostrato a un nivel de confianza de 95%. El error en el control de calidad que se estaría cometiendo por haber considerado una muestra de 200 unidades de piso monostrato y no toda la población, sería igual **5%±3.08%**.

Esto significa que de estudiar a toda la población de piso monostrato instalado en el hospital, con una probabilidad del 95%, encontraríamos una proporción de pisos mal instalado comprendida en el intervalo (1.92% < pisos mal instalado <8.08%).

Si la población de piso monostrato fuera de 27,500 unidades equivalentes a 2,475 m² de piso monostrato. La cantidad de piso monostrato mal instalado estaría comprendido entre 542<unidades mal instaladas<2,222.

2.12. Las pruebas de aleatoriedad

El desarrollo de la industria de la construcción de obras civiles en el tercer quinquenio del siglo XXI, exige a los Constructores, Gestores de Proyectos y Superintendentes de Obras controlar la calidad de ejecución de las obras con niveles de precisión que no eran posible obtener en el siglo pasado. Para llevar a cabo el control de calidad de las obras que se ejecutan hoy en día en el sector de la construcción, se dispone en el mercado de una serie de instrumentos de medición muy precisos, estos miden diferentes variables.

Algunos de estos instrumentos son: para inspección visual de sistemas hidrosanitarios, para detección de servicios soterrados, obturadores para efectuar pruebas hidrostáticas, auscultadores de estructuras, videoscopios para revisión de redes, georadar para localización de todo tipo de servicios, micrómetros digitales, etc.

La aplicación de estas tecnologías es simple, no requiere de capacitaciones altamente especializadas para el personal que operará estos instrumentos.

Sin embargo, dichos instrumentos generan abundantes datos de las variables que miden, variables objetivas que requieren procesarse y estudiarse estadísticamente para producir información útil y de calidad. Información que será de gran provecho para los Constructores y Gestores de Proyectos que necesitan tomar decisiones oportunas para reducir costos y tiempos de construcción (tiempos de ciclos).

El procesamiento de datos, requiere el empleo de procedimientos Estadísticos que se originan con la planificación y recolección de los de datos. Con la definición del tipo de muestreo que se aplicará.

Durante el proceso de recolección de datos, mediante cualquier instrumento de medición u observación tal como los descritos en párrafos precedentes o cualquier otro instrumento de medición, se requiere probar si los datos que se recolectan son aleatorios o no. Si no lo son deberán descartarse para evitar errores de sesgos.

La aleatoriedad es una **condición o estado** que obtienen las variables que participan en los procesos constructivos. Estado que generalmente no es previsibles más que en razón de la intervención de la casualidad o azar (procesos estocásticos). El resultado de ciertos sucesos, en la industria de la construcción, no puede determinarse antes de que estos se produzcan en razón de la incertidumbre que envuelven a los procesos constructivos.

El término aleatorio, está estrechamente vinculado a la aparente carencia de propósitos. Propósitos, tales como las omisiones durante los procesos de licitación, estimación de costos, presentación de oferta, contratación, planificación inicial de las obras y las contenidas en los planes de acción.

De no existir tales omisiones la poca o ninguna variabilidad en los procesos constructivos daría lugar a estados constructivos más estable, de menos tendencias y de menos correlación entre las variables, posiblemente procesos de carácter deterministas. La aleatoriedad expresa carencia de una causa u orden.

Cuando se planifican los costos fijos de un proyecto, se definen con precisión estas variables, se definen una causa y un orden (origen de los pagos y cuando se pagarán) para cada uno de estos costos.

Estos costos y su periodicidad de pago serán siempre conocidos por Constructores y Gestores de proyectos, por lo que en ellos no existe aleatoriedad, estos costos son constantes. Estas variables, cuya categoría son costos fijos, tendrán el carácter de aleatoriedad si participan en procesos estocásticos o procesos aleatorios.

No obstante, con los costos variables aunque se conozca parcialmente la causa (origen del pago) por la cual se realizan, el orden en que se efectúan estas erogaciones serán totalmente desconocidas. Dando origen a más aleatoriedad en los procesos constructivos. Todo ello es lo que produce incertidumbre en la industria de la construcción.

Entonces, en estos procesos constructivos llevados a cabo en la industria de la construcción no basta con medir las variables y recolectar datos de estas variables con instrumentos de medición de alta tecnología, estos instrumentos únicamente nos garantizan precisión y rapidez para obtener las mediciones.

Antes de procesar estadísticamente estas variables, se necesita verificar que los datos recolectados durante los procesos constructivos sean aleatorios.

Si los datos que se recolecten no son aleatorios, no serán de mucha utilidad en los estudios de investigación científica. Produciendo únicamente, resultados inciertos, sesgados y desacertados que no contribuyen a tomar decisiones eficaces en los proyectos de construcción.

Los datos recolectados en los proyectos de construcción, deben cumplir la condición de aleatoriedad para considerarlos variables aleatorias. Para que puedan participar en los procesos estocásticos. Para que los resultados que produzca contribuyan a dar solución a los problemas de Gestión de Proyectos de construcción.

Se requiere, entonces, recolectar datos que cumplan pruebas de aleatoriedad sobre un objetivo. Para verificar la aleatoriedad, se puede representar los datos recolectado en un gráfico de control y determinar si el proceso fue realizado con el control apropiado.

Estos gráficos, se construyen aplicando la norma de la ASTM E2587, Práctica Estándar para el Uso de Gráficos y control estadístico de los Procesos, o Manual de ASTM sobre Presentación de Datos, Control y Análisis de Gráfico.

Si no se dispone del Manual ASTM para la presentación de datos, control y análisis de gráficos, puede utilizarse un método llamado **"prueba de las diferencias de medias sucesiva"**. Este método consiste en suponer que se tienen los valores de datos "n", tales como $x_1, x_2,..., x_n$.

Las diferencias sucesivas, son las diferencias entre estas variables $x_2-x_1, x_3-x_2,... x_{n-1} - x_n$. Para el control de la calidad, el valor absoluto de estas diferencias son sólo los rangos de movimiento de n = 2; típicamente utilizados para construir los límites de control del gráfico individual. Cuando se eleva al cuadrado estas diferencias el promedio de ellas produce la diferencia de medias sucesivas.

Con el fin de construir un estadístico de prueba, se divide el MSD (**diferencia de medias sucesivas**) por la varianza de la muestra. El resultado es la suma de los cuadrados de las diferencias de medias sucesivas (MSD) y la suma de los cuadrados de la varianza de la muestra. La fórmula es la siguiente:

$$M=(MSD/S^2)= [1/(n-1)\sum_{i=1}^{n-1}(x_{i+1}-x_i)^2] / [1/(n-1)\sum_{i=1}^{n}(x_{i+1}-\ddot{x}_i)^2]$$

Utilizamos M para detectar falta de aleatoriedad en cualquier secuencia de observaciones. Si los datos provienen de un proceso en control, entonces el valor medio de M es 2.

Si las observaciones fluctúan excesivamente, por ejemplo, el patrón de diente de sierra, entonces M será grande. A la inversa, si las observaciones muestran un ciclo a largo plazo, entonces M será pequeño.

Así que, ¿cómo se puede determinar si M es demasiado grande o demasiado pequeño estadísticamente?. La Tabla 1, muestra los valores críticos inferiores y superiores para M para una variedad de tamaños de muestra y niveles de significación (α), ejemplo, $\alpha = 0,05$ nivel de significación al 95% de confianza. (Los valores críticos superiores se obtienen utilizando la ecuación $U_m = 4 - L_m$).

La prueba de las diferencias de medias sucesivas, según lo descrito por Bennett y Franklin, puede abordar dos aspectos de estudios: capacidad de procesos y línea de tendencia. En la capacidad de procesos, la prueba puede identificar falta de aleatoriedad (demasiados o pocos ciclos).

Línea de tendencia. Dado que puede haber ciclos o tendencias, la diferencia de medias sucesiva proporciona una estimación de la varianza o la línea de tendencia.

Esto significa que el MSD involucra al valor de la varianza si el ciclo o tendencia pueden ser eliminados. Ejemplo: Bennett y Franklin proporcionan un conjunto de datos de rendimiento de una planta que se utilizan para una prueba de correlación.

Los datos de rendimiento en porcentajes correspondientes a una muestra de tamaño n = 25 semanas consecutivas. Los datos obtenidos són: 81.02, 80.08, 80.05, 79.70, 79.13, 77.09, 80.09, 79.40, 80.56, 80.97, 80.17, 81.35, 79.64, 80.82, 81.26, 80.75, 80.74, 81.59, 80.14, 80.75, 81.01, 79.09, 78.73, 78.45 y 79.56.

La suma de los cuadrados de las 24 diferencias sucesivas es 31.6772, y la suma de los cuadrados asociados con la varianza de la muestra es 25,1343. Por lo tanto, M = 31.6772/25.1343 = 1,26.

La Tabla 1, muestra que M está entre los valores críticos de los niveles de significancia de $\alpha=0,05$, (L_m = 1,367) y 0,01 (L_m = 1,128). Dado que el valor de M=1.26 < 2, se concluye que hay una fluctuación aleatoria en los valores de rendimiento de la planta durante el período de 25 semanas, con al menos el 95% de confianza.

ESTADÍSTICA PARA CONSTRUCTORES

Tabla 1: Valores Críticos para la prueba de la Diferencia Sucesiva Media

Tamaño de la muestra	Valores críticos inferiores, L_M			Valores críticos superiores, U_M		
n	$\alpha = 0.10$	$\alpha = 0.05$	$\alpha = 0.01$	$\alpha = 0.10$	$\alpha = 0.05$	$\alpha = 0.01$
10	1.251	1.062	0.752	2.749	2.938	3.248
11	1.280	1.096	0.792	2.720	2.904	3.208
12	1.306	1.128	0.828	2.694	2.872	3.172
13	1.329	1.156	0.862	2.671	2.844	3.138
14	1.351	1.182	0.893	2.649	2.818	3.107
15	1.370	1.205	0.922	2.630	2.795	3.078
16	1.388	1.227	0.949	2.612	2.773	3.051
17	1.405	1.247	0.974	2.595	2.753	3.026
18	1.420	1.266	0.998	2.580	2.734	3.002
19	1.434	1.283	1.020	2.566	2.717	2.980
20	1.447	1.300	1.041	2.553	2.700	2.959
25	1.502	1.367	1.128	2.498	2.633	2.872
30	1.543	1.418	1.195	2.457	2.582	2.805
40	1.602	1.492	1.293	2.398	2.508	2.707
50	1.642	1.544	1.363	2.358	2.456	2.637
60	1.673	1.582	1.415	2.327	2.418	2.585
70	1.697	1.612	1.457	2.303	2.388	2.543
80	1.716	1.636	1.490	2.284	2.364	2.51
90	1.732	1.657	1.518	2.268	2.343	2.482
100	1.745	1.674	1.542	2.255	2.326	2.458
200	1.819	1.768	1.674	2.181	2.232	2.326
300	1.852	1.811	1.733	2.148	2.189	2.267
400	1.872	1.836	1.768	2.128	2.164	2.232
500	1.886	1.853	1.793	2.114	2.147	2.207
600	1.895	1.866	1.811	2.105	2.134	2.189
800	1.909	1.884	1.836	2.091	2.116	2.164
1000	1.919	1.896	1.853	2.081	2.104	2.147
∞	2.000	2.000	2.000	2.000	2.000	2.000

CAPITULO

PREDECIR Y PRONOSTICAR

"Eso de haber de abismarse en la incertidumbre y desesperar de la verdad, es un triste y miserable refugio contra el error.

René Descartes

3. PREDECIR Y PRONOSTICAR

3.1. ¿Cómo es posible predecir el futuro?

Desde épocas antiguas al ser humano le ha interesado conocer lo que ocurrirá en el futuro, para ello ha recurrido a medios muy singulares tales como, el oráculo de Delfos, las cartas del Tarot, las bolas de cristales Célticas, etc. Pero, en el campo de la Gestión de Proyectos de construcción de obras civiles no es posible efectuar predicciones mediante formas esotéricas o arcanas.

En el campo de la Gestión de Proyectos de construcción **se deben utilizar herramientas analíticas, herramientas suministradas por la Estadística para anticiparnos al futuro.** Herramientas que permiten, predecir, pronosticar y prever cualquier suceso financiero, hechos de construcción, acontecimientos relacionados con los ciclos constructivos, o contingencias relacionadas con la gestión en general de los proyectos de construcción.

En general, en la industria de la construcción es posible anticiparnos al futuro. Es posible que cualquier acontecimiento, eventos o sucesos se correlacionen con el tiempo para aproximarnos a lo que acontecerá. Es posible aproximarnos, mediante probabilidades y pronósticos Estadísticos, es posible aproximarnos por ejemplo, al área de los impactos y efectos que tendría un proyecto si faltara para el día previsto formaletas o moldes para el colado del hormigón.

Es totalmente posible acercarnos, mediante probabilidades y pronósticos Estadísticos, al área de los impactos y efectos que se produciría en un proyecto de obras civiles si no hay liquidez financiera[51]. Si no hay utilidades o dividendos. Si hay un incremento súbito en los costos de los materiales de construcción. Si hay un incremento en el costo de la mano de obra.

En fin es posible incursionar en el futuro para saber con algún grado de precisión la vida media de una estructura de hormigón armado. Conocer la vida media de duración de las orugas de un tractor D-8 Caterpillar, etc.

En realidad el futuro no lo podemos conocer con certeza. Pero, es posible estimar la probabilidad de ocurrencia de cualquier suceso que pueda afectar el desarrollo de los proyectos. Esto se puede hacer mediante técnicas de predicción, mediante la utilización de modelos predictivos. Modelos que tienen un determinado margen de error. El margen error obtenido, será más reducido mientras mejores habilidades se ostenten para construir **modelos predictivos**.

Las herramientas Estadísticas que se utilizan en la investigación predictiva no son nuevas, las utilizaron los militares en la producción de maquinarias de guerra, y las utilizan desde hace varios años los fabricantes de equipos de construcción.

Estos fabricantes, las utilizan para predecir, pronosticar y prever los mantenimientos de los equipos y maquinarias de construcción. Las utilizan para predecir la frecuencia con que deben realizar los

---

[51] La liquidez financiera representa la cualidad de los activos para ser convertidos en dinero efectivo de forma inmediata sin pérdida significativa de su valor. De tal manera que cuanto más fácil es convertir un activo en dinero se dice que es más líquido. Por definición el activo con mayor liquidez es el dinero, es decir los billetes y monedas tienen una absoluta liquidez, de igual manera los depósitos bancarios a la vista, conocidos como dinero bancario, también gozan de absoluta liquidez y por tanto desde el punto de vista macroeconómico también son considerados dinero.

cambios de piezas, o partes antes de que se produzcan fallas o colapsos total en ellas.

Muchas de estas herramientas utilizadas en la investigación predictiva, se pueden y deben aplicarse en el campo de la Gestión de Proyectos de construcción. Con el fin de predecir cualquier suceso o eventos tal como costos parasitarios o superfluos. Predicciones y pronósticos que nos inducirán a efectuar previsiones de contingencias en los proyectos de construcción, para que éstos tengan un desarrollo eficaz y eficiente.

3.2. ¡Predecir en el sector construcción!

Pronosticar no es igual que predecir. En los círculos corporativos y particulares, se realizan predicciones y pronósticos. Sean estos de carácter intuitivos o probabilísticos.

Las predicciones y pronósticos probabilísticos son empleados por las empresas y corporaciones en los procesos de, investigación, producción, administración y de Gestión de Proyectos.

El concepto de pronóstico y predicción no se debe mezclar con el concepto de metas establecidas que se imponen en los proyectos de construcción. Las metas son el fin u objetivos de una acción o plan. La predicción y el pronóstico, en cambio, son objetivos estadísticos cuya aplicación requiere de sistematicidad y de rigor en los procesos estadísticos que intervienen.

La predicción y el pronóstico Estadístico representan distribuciones probabilísticas que se dan en ambientes de poca certeza o ambientes de incertidumbres. Típico estado en que se desarrollan los proyectos en la industria de la construcción, así como en cada uno de los procesos constructivos que se llevan a cabo dentro de esta industria.

No obstante a que los procesos en la industria de la construcción se desarrollan bajo ambientes de incertidumbre. Los constructores miden los resultados económicos, los resultados de la administración del tiempo y de administración de la calidad, en función de las metas que imponen a los proyectos, lo miden mediante métodos deterministas.

Por lo general, las metas impuestas por los constructores son utilizadas para medir el grado de cumplimiento de los objetivos fijados previamente por las empresas. Estas metas, suelen ser el patrón de medida por el cual juzgan el actuar o desempeño de los Ingenieros, Arquitectos, Gestores de Proyectos y Técnicos en Construcción.

Los constructores, soslayan u olvidan que los proyectos de construcción de obras civiles, se realizan en ambientes de incertidumbres. Desconocen o no comprenden que en estos ambientes se generan variables aleatorias o estocásticas que solamente pueden ser estudiadas mediante la Estadísticas.

La incertidumbre siempre estará presente en los procesos de producción del tipo proyecto, estará presente en todos los sistema constructivos en la industria de la construcción. No obstante, la incertidumbre es abordable mediante métodos estocásticos, mediante técnicas predictivas y métodos de pronósticos.

Pronosticar es predecir un suceso para un período futuro. Cuando se realizan pronósticos interviene necesariamente la variable tiempo. Sin embargo, no es la única variable que interviene en los eventos donde se realizan pronósticos. En estos eventos también intervienen otras variables llamadas predictoras.

Predecir es anunciar con antelación lo que va a suceder, o anunciar la ocurrencia de un suceso. Por ejemplo, uno de los eventos más predominantes en un proyecto de construcción de obras civiles, es el denominado "Finalización del proyecto en el plazo contractual". Esta variable es categórica.

En este evento los valores finales son categorías. La variable "Finalización del proyecto en el plazo contractual" tomará los valores, **no finalizará y finalizará**.

Estos dos valores finales que toma dicha variable corresponden a los resultados posibles que tendrá dicho evento. Por tanto, el evento "Finalización del proyecto en el plazo contractual", es una variable categórica, dicotómica. Este evento tiene dos posibles resultados, evento 1: no finaliza, y el evento 2: finaliza. La suma de las dos probabilidades "no finaliza y finaliza" será siempre la unidad.

3.3. ¿Qué se puede predecir en los proyectos?

En la industria de la construcción se puede predecir cualquier **evento adverso o favorable** a los procesos de ejecución de las obras, o de ejecución del proyectos. Eventos tales como:

- El buen funcionamiento del diseño de un proyecto.
- La calidad de la gestión de procesos en los proyectos.
- Los impactos debidos al incumplimiento de los procesos que componen la cadena de generación de valor.
- El estado de iliquidez de un proyecto.
- El descenso en las utilidades a causas de decisiones inoportunas o incorrectas.
- Los impactos por incremento del costo de mano de obra.
- Los impactos por incremento del costo de los materiales.
- Vida útil del tren de rodaje de un tractor D-8 utilizando en una excavación de material tipo A-1.
- La finalización de la etapa de cimentación de un proyecto vertical.

- El descenso de la producción en el proyecto.
- Las consecuencias para un proyecto por existir inconsistencia en el diseño del mismo.
- Los efectos o consecuencia por la aparición de eventos de fuerza mayor o caso fortuitos.
- Las consecuencias por carecer de un sistema de logística apropiado.
- Los efectos de la aparición de suelos inestables, no previstos, durante las excavaciones para la cimentación de un proyecto hidráulico.
- Las consecuencias por incumplir la entrega final, dentro del plazo contractual, de todas las obra de un proyecto.

3.3.1. ¿Cómo se predice?

La predicción es un proceso constituido en cuatro pasos. Estos pasos son los siguientes:

1. Determinar la probabilidad de ocurrencia del evento. Ocurrirá o no ocurrirá si se están utilizando modelos con variables categóricas. Si se está utilizando modelos con variables numéricas, se deberá construir la base de dato con las variables numéricas.
2. Determinar los intervalos de confianza. Debemos de saber dentro de que limites se encuentra el valor real dentro de un intervalo que nos trasmita confianza. A menores intervalos de confianza existirá mayor exactitud en la predicción.
3. Considerar todas las variables predictoras a las que previamente hayamos demostrado que tienen una relación.
4. Construir el algoritmo predictivo.

3.4. Construcción de modelos predictivos

Para realizar predicciones en el ámbito de la Gestión de Proyectos de obras civiles, existen diferentes técnicas y modelos estadísticos. Estos modelos pueden agruparse según el tipo de variable a predecir o pronosticar, y según el objetivo estadístico que se pretenda alcanzar. En la ilustración 3.4.1 se muestran las técnicas y modelos predictivos y de pronósticos agrupados según estas categorías.

Variable	O. Esta. Predicciones	Pronósticos
Categórica	Modelos de probabilidad	Análisis de supervivencia
Numérica	Modelos estructurales	Series de tiempo

Ilustración 3.4-1

Los modelos de predicción y de pronósticos que utilizan variables independientes del tipo categórico, son los **modelos de probabilidad** cuando el objetivo estadístico a alcanzar es la predicción. En cambio, cuando el objetivo estadístico que se pretende alcanzar es el de pronosticar el modelo empleado es el de "Supervivencia".

Cuando la variable independiente, utilizada para construir estos modelo, es de carácter numérico se utilizan modelos estructurales para predecir. Y modelos denominadas series de tiempo cuando el objetivo estadístico que se busca es pronosticar.

En los modelos de probabilidades, se encuentran las Regresiones

Logísticas Binarias y los de máxima entropía. Las regresiones Logísticas Binarias, son regresiones lineales de carácter binario utilizadas para modelar la probabilidad de ocurrencia de un evento en función de variables independientes o factores.

Dentro de los niveles de la investigación, las Regresiones Logísticas Binarias, tienen dos funciones: puede ser utilizadas tanto en el nivel explicativo (de la pirámide de la investigación) como en el nivel predictivo.

En el nivel explicativo, las variables explicativas utilizadas con Regresiones Logísticas Binarias, explican las interacciones que existen entre las variables independientes, y la relación entre la variables independientes con la dependientes.

Un ejemplo, lo encontramos en el caso de un proyecto de construcción de una carretera. En este caso de determinó que cinco variables explican "el retraso en la construcción y el incremento de costo de una carretera con longitud 18 kilómetro y con revestimiento adoquinado". Y estas cinco variables fueron sometidas a un análisis Estadístico mediante Regresión Logística Binaria con SPSS. Este análisis produjo un resultado donde cada una de las cinco variables independientes, definió la dirección de la variación dependiente, así como también el correspondiente riesgo multivariado.

3.4.1. Modelamiento predictivos

Los estudios de investigación predictiva, se desarrollan en el en el nivel predictivo de la pirámide de la investigación. Son estudios cuyo objetivos es desarrollar el mejor modelo predictivo.

Por ejemplo. Supongamos que contamos con diez variables que explican "el retraso en la construcción y el incremento de costo de una carretera con longitud 18 kilómetro y con revestimiento adoquinado".

Y estas diez variables son sometidas a un análisis estadístico y resulta que éstas variables explican este evento o circunstancia. ¿Será correcto utilizar, para construir un modelo predictivo, las diez variables o solamente las cinco que explican el fenómeno cuando se utilizó la Regresión Logística Binaria?. La respuesta es que se debe utilizar las diez variables que explican el fenómeno.

El hecho de haber realizado un análisis en el nivel explicativo no quiere decir que hayamos hecho una búsqueda exhaustiva de todas las variables que predicen el fenómeno.

Estructurar una regresión logística predictiva solamente con las cinco variables significativas que explican el evento de "el retraso en la construcción y el incremento de costo de una carretera con longitud 18 kilómetro y con revestimiento adoquinado" es insuficiente. Además, podría existir un modelo distinto a la regresión logística, que antes habíamos formulado con las cinco variables significativas. Modelo que nos permitirá predecir con un intervalo de confianza más reducido o restringido.

Para estructurar un modelo de regresión logística, no basta que tomemos las variables que resultan significativas; sino, que debemos buscar otras variables que complementen nuestro modelo o quizás buscar modelos alternativos que nos permita hacer predicciones más exactas. A este procedimiento o técnica Estadística se le conoce como **modelamiento o construcción de modelos predictivos** para una eficiente Gestión de Proyectos

Esta técnica Estadística no consiste en aplicar una prueba Estadística, consiste en buscar el mejor modelo para predecir una circunstancia. Un modelo con la característica de contar con variables que están probadamente relacionadas.

En el nivel predictivo no se determina si las variables influyen o no influyen, ese proceso debe darse en el nivel explicativo. En el nivel predictivo ya se sabe que existe un conjunto de variables que influyen sobre el evento en estudio y que van a modificar la probabilidad de ocurrencia del evento. Son esas variables las que tienen que entrar en el modelo predictivo y además elegirse el mejor modelo que nos permita tener la aproximación más exacta para nuestro resultado final.

3.5. Objetivos estadísticos prever

La predicción, el pronóstico y la previsión son objetivos estadísticos que corresponde al nivel de la investigación predictiva. Las predicciones y los pronósticos son objetivos estadísticos analíticos, y el objetivo prever está relacionado a la aplicación de acciones que eviten la ocurrencias de **eventos negativos o adversos**. Estas acciones deben estar contenidas en el plan de contingencia de cualquier proyecto de construcción de obras civiles.

La predicción y el pronóstico no son medidas que eviten las consecuencias u ocurrencia de los eventos, son cálculos que nos permite conocer lo que ocurrirá con algún grado de probabilidad en el tiempo.

En el ámbito de la Gestión de Proyectos de construcción no basta con saber lo que ocurrirá en el tiempo con alguna probabilidad, se requiere que los Gestores de Proyectos tomen acciones, tomen decisiones que eviten consecuencias negativas y adversas que conlleven al proyecto a generar pérdidas económicas.

Las acciones deberán ser tomadas posteriores a que los sucesos o eventos en el proyecto hayan sido predichos y pronosticados. Por tanto, los Gestores de Proyectos deberían contar al menos, antes de iniciarse un proyecto, con las predicciones y pronósticos de los eventos que constituyan la ruta crítica del proyecto.

La utilización, durante la fase de planificación o durante la fase de ejecución de las obras, del objetivo estadístico prever en los proyectos de construcción de obras civiles, permite tomar un conjunto de acciones mucho antes de que ocurran eventos o sucesos negativos que puedan afectar tres de los principios constructivos: tiempo, calidad y costos.

¿Cómo actuar cuando se dispone de la probabilidad predictiva y el pronóstico de una variable para aplicar el objetivo estadístico prever?. Ubiquémonos en el sitio de construcción de un proyecto de 500 residencias de 200 m² cada una, en este proyecto deberán cortarse mediante disco DDT-832D 166,666 placas de hormigón de 210 kgs/cms² y de dimensiones de 30x30x2 centímetros.

En este proyecto se está utilizando un discos tipo ring, turbo, húmedo, Ø 9", modelo DDT-832D montado en una cortadora de hormigón modelo CCT-12 CIPSA. La vida media del disco con un nivel de confianza[52] del 95%, y con un error estándar de 384 cortes, es de 2,662 cortes de 30 centímetros de longitud y 2 centímetros de espesor en placas de hormigón con una resistencia a la compresión de 210 kgs/cms².

La vida media de este disco de diamante ha sido obtenida mediante un análisis de supervivencia, debido a que en Estadística el análisis de supervivencia se utiliza para estudiar los procesos aleatorios relacionados con el fallo de los sistemas mecánicos.

Si la vida media del disco para cortar hormigón modelo DDT-832D es de 2,662 cortes y el error estándar es 384 cortes. El intervalo de confianza de la vida útil de este disco de diamantes

---

[52] El nivel de confianza está definido como 1-α, donde α es el nivel de significancia.

estaría entre dos errores estándares hacia abajo, lo que es igual a 1,798 cortes, y dos errores estándares hacia arriba que sería igual a 3,334 cortes.

Con un nivel de significancia[53] del 5%, en el 95% de los casos la falla del disco de diamante para cortar hormigón ocurriría por encima de los 1,798 cortes. Si queremos acertar en el 95% de los casos, y así con ello evitar consecuencias negativas, realizaríamos el cambio del disco diamantado cuando se hayan efectuado 1,798 cortes.

Esta decisión de realizar el cambio del disco diamantado en la cortadora de hormigón para continuar cortando las placas de hormigón sin tener ningún tipo de atraso en las obras, constituye una acción de carácter preventiva, y con ello se cumpliría con el objetivo estadístico prever. No hacer el cambio del disco diamantado siguiendo las pautas de los resultados analíticos de la estadística significaría arriesgar el proceso de ejecución de las obras y el equipo CCT-12 CIPSA.

La previsión se toma de acuerdo al grado de error que esperamos cometer. El grado de error al cual estamos dispuestos aceptar se convierte en el nivel de significancia estadística. Cuando planteamos una prueba de hipótesis, planteamos un alfa denominado nivel de significancia. Este alfa es por lo general el 5%. Ese alfa en la prueba de hipótesis representa el grado de error que estamos dispuestos a aceptar.

En la previsión también existe un grado de error que estamos dispuestos a aceptar. Grado de error que también lo encontramos en el muestreo. A este error se le denomina precisión. La precisión es el grado de error que estamos dispuestos a aceptar debido al

---

[53] El nivel de significancia se define como α, generalmente toma valores de menores que 0.05.

tamaño de la muestra que hemos calculado y que hemos utilizado en el análisis estadístico.

Por tanto, en cualquier procedimiento estadístico que se realice en correspondencia a cualquier tipo de estudio que se efectúe, siempre se producirá un grado de error. Por lo que siempre, se debe estar dispuesto a aceptar un grado de este error.

En la predicción y en todos los análisis predictivo hay que tomar decisiones que eviten consecuencias negativas en un futuro, decisiones que afecten el buen desarrollo de la ejecución de las obras. Estas acciones, no estarán exentas de errores; en el caso de la falla del disco de diamante modelo DDT-832D, podría producirse antes de los 1,798 cortes que se efectúan en las placas de hormigón.

De forma que mientras más pronto se ordene el cambio del disco de diamante modelo DDT-832D se tendrá mayores probabilidades de éxitos o menor probabilidad de fracaso. Menor probabilidad de falla en el disco de diamante.

Contrariamente, mientras más tiempo se haga trabajar al disco de diamante se tendrá mayores probabilidades de que el disco falle o colapse. Produciéndose así, potenciales accidentes que dañen el equipo de corte o dañen a los obreros, con lo cual podrían provocarse retrasos en el desarrollo de las obras de corte de las placas de hormigón y por ende en el proyecto.

Si la falla en el disco de diamante se diera sin haber tomado las previsiones correspondientes, con una probabilidad de 1.0 el proyecto tendrá pérdidas o reducción de sus utilidades. Estas pérdidas pueden evitarse o preverse desde la fase de planificación del proyecto de construcción de las 500 residencias de 200 m² en las que deberán cortarse 166,666 placas de hormigón de 30 centímetros de longitud.

Para cortar estas placas de hormigón, deberán utilizarse 93 unidades de discos diamantados de Ø 9" (cálculo obtenido utilizando el intervalo de confianza), está cantidad de discos diamantados que requerirá el proyecto se obtiene a partir de la vida útil del disco. Si no se dispone de esta información deberá calcularse mediante un análisis de Supervivencia. Y si se dispone de tal información, se debe calcular el intervalo de confianza.

Un buen Gestor de Proyectos de construcción debería obtener previamente, antes de iniciar el corte de estas placas, las 93 unidades de discos diamantados. Debe también haber incluido en el presupuesto del proyecto el costo de estos 93 discos. De tal forma que debe aplicar el objetivo estadístico prever una vez que conozca la probabilidad predictiva y se disponga de la vida útil o pronóstico del disco diamantado.

3.6. Series de tiempos aplicadas a la construcción de obras civiles

La técnica más importante para hacer inferencias sobre el futuro con base en lo ocurrido en el pasado, es el análisis de series de tiempos, llamadas también series cronológicas o temporales.

Una serie temporal o cronológica en la industria de construcción de obras civiles, es una secuencia de datos, observaciones o valores, medidos en determinados momentos y ordenados cronológicamente.

Los datos generados con la ejecución de las obras de construcción pueden estar espaciados a intervalos iguales (como la temperatura que prevalecen en el proyecto en días sucesivos al mediodía), o desiguales (como el volumen de hormigón fabricado, por hora en los días que es demandado, mediante una mezcladora tipo trompo para hormigón modelo M-12 marca ASTROEQUIPOS).

Para el análisis de las series temporales se usan métodos estadísticos que permiten interpretar y extraer información representativa sobre las relaciones subyacentes entre los datos de la serie o de diversas series.

Estos métodos permiten en diferentes medida y con distinto grado de confianza extrapolar o interpolar los datos para predecir el comportamiento de la serie en momentos no observados, tanto en el futuro (extrapolación pronostica), como en el pasado (extrapolación retrógrada) o en momentos intermedios (interpolación).

Las series temporales se utilizan para estudiar las relaciones causales entre diversas variables que cambian con el transcurso del tiempo y que se influyen entre sí.

Desde el punto de vista probabilístico una serie temporal es una sucesión de variables aleatorias indexadas de forma creciente con el tiempo. Cuando la esperanza matemática de las variables aleatorias es constante o varía cíclicamente, se dice que la serie es estacionaria y no tiene tendencia regular.

Muchas series temporales tienen tendencia creciente (ejemplo, el volumen de combustible consumido en la construcción de un camino) o decreciente (por ejemplo, el número de obreros que trabajan en un proyecto en particular). Otras series temporales no tienen tendencia (la luminosidad a horas sucesivas, varía cíclicamente a lo largo de las 24 horas del día) y son estacionarias.

En la industria de la construcción de obras civiles el uso más común que se les da a las series de tiempo (nivel predictivo de la investigación) es para realizar pronósticos. Por ejemplo: pronósticos de las variables, instalación por horas de pisos cerámicos, producción por hora de hormigón, construcción por hora de paredes de mampostería, volumen de excavaciones en suelo GL (clasificación SUCS) por hora realizado por una retroexcavadora marca WB97R-5 KOMATSU, volumen de producción diaria ejecutada en el proyecto, etc.

En el ámbito de la Gestión de Proyectos de construcciones civiles es imposible que no surjan datos que puedan ser considerados como series temporales, estos datos están presentes en cada obra o etapa que se ejecutan en los proyecto.

Los constructores deben utilizar las series temporales con más frecuencia, de lo que hasta el día de hoy lo estan haciendo, durante el proceso de Gestión de Proyectos con el objetivo de analizar las obras críticas y no críticas.

Los constructores deben observar variables que revelen información de sucesos de fuerza mayor, información de sucesos fortuitos, revisar tendencias y estacionalidades de estas variables que les permita tomar decisiones oportunas. Y revisar las variaciones aleatorias para anticiparse a los eventos de fuerza mayor y casos fortuitos. Todo ello les ayudarán a reducir riesgos y evitar pérdidas en los proyectos de construcción.

El análisis más notable de las series de tiempos se sustenta en la suposición de que los valores tomados por las variables observadas es la consecuencia de seis componentes, cuya actuación conjunta da como resultado los valores medidos, estos componentes son:

1. **Tendencia regular**: indica el camino general y persistente del evento observado. Es una componente de la serie que refleja la evolución a lo largo del tiempo (horas, días, semanas, meses, etc). Ejemplo, la tendencia creciente de las horas laboradas por un grupo de albañiles en un proyecto, el consumo de agua para la construcción de las obras en un proyecto de construcción de un hospital, o el valor de las

erogaciones por concepto de mano de obra para la construcción de un acueducto.
2. **Variación estacional o Variación cíclica regular**: Es el movimiento periódico de cortísimo plazo (horas, días, etc). Se trata de una componente causal debida a la influencia de ciertos fenómenos que se repiten de manera periódica dentro de un año. Las Serie temporal recogen las oscilaciones que se producen en los períodos de repetición.
3. **Variación cíclica o variación cíclica irregular**: Es el componente de la serie que recoge las oscilaciones periódicas de amplitud superior a un año. movimientos normalmente irregulares alrededor de la tendencia, en las que a diferencia de las variaciones estacionales, tiene un período y amplitud variables, pudiendo clasificarse como cíclicos, cuasi-cíclicos o recurrentes. En general en el sector de la construcción esta componente se utiliza en los mega-proyectos debido a que los proyectos más comunes de construcción tienen duración menores de un año.
4. **Variación aleatoria o ruido**: son de carácter accidental o errático, también denominada residuo, no muestran ninguna regularidad (salvo las regularidades estadísticas). Este ruido se genera debido a fenómenos naturales o de fuerza mayor como pueden ser tormentas, terremotos, inundaciones, huelgas, guerras, avances tecnológicos, etc.
5. **Variación transciende**: son accidentales provocadas por el hombre. Son de carácter erráticas y son debidos a fenómenos aislados que son capaces de modificar el comportamiento de la serie (tendencia, estacionalidad variaciones cíclicas y aleatorias). Las variaciones transciende más son generadas por fallas en el sistema de suministros.

3.7. Análisis de Supervivencia en obras civiles

El análisis de Supervivencia juega un papel de gran trascendencia en la construcción de obras civiles. Así por ejemplo, la comparación entre la Supervivencia observada entre dos grupos de albañiles que levantan paredes de mampostería puede conducirnos a optimizar un sistema productivo, o alternativamente a identificar un factor de riesgo singular que exponga al proyecto a no finalizarse en el tiempo previsto (ejemplo bajos rendimientos de pegado de bloque de mampostería a causa de la existencia de muchos cortes de bloques o cuchillas).

En general, los estudios para evaluar la Supervivencia en los proyectos de construcción presentarán características particulares que determinan la metodología más adecuada que se debe utilizar en la investigación en cada suceso o evento.

Los estudios más comunes de Supervivencia que se realizan en el sector de la construcción de obras civiles son los siguientes:

- El tiempo que tarda en producirse la finalización de una obra o la finalización de una etapa del proyecto.
- El tiempo en que tarda en fallar un sistema mecánico que utilizamos para ejecutar las obras.
- El tiempo en que tarda en ocurrir deserciones de grupos de obreros o de algún obrero especialista.
- El tiempo que tarda en manifestarse un síntoma determinado que afecta la estructura organizacional del proyecto o que afecta al sistema logístico del proyecto.
- El tiempo que tarda un proyecto para reanudarse después de haber encontrado suelos inapropiados durante la construcción de la fase de cimentación.
- El tiempo que tarda en reanudarse la ejecución de las obras del proyecto después de la aparición de un caso de fuerza mayor (huracanes, sismos, incendios, inundaciones, etc)

- El tiempo transcurrido desde que se detuvo la ejecución de una obra por alguna condicionalidad de diseño o suministros hasta el momento en que la obra fue reanudada.
- Recurrencias en el estado de iliquidez financiera para ejecutar una obra o el proyecto mismo.
- El tiempo que tarda un grupo de obreros en sufrir un accidente de trabajo.

Para la solución de casos como los descritos anteriormente debemos aplicar métodos o procedimientos estadísticos contenido en el Análisis de Supervivencia (Cox, 1972; Lagakos, 1992; Collett, 1994; Kaplan-Meier; Actuariales, etc). Procedimientos, cuyos fundamentos se sustenta en dos elementos:

1. **Existencia del suceso.** Que se haya producido el evento o suceso, que el evento exista. Esto implica que haya aparecido, un síntoma, una falla en un mecanismo, que haya reaparición de un síntoma en la organización del proyecto que causa algún malestar en los empleados, etc).
2. **Tiempo.** Que las variables a estudiar esté asociada o relacionada con el tiempo.

José María Bellón Cano, resume. "El análisis de Supervivencia contiene un conjunto de técnicas estadísticas apropiadas para **todos aquellos estudios de *seguimiento* en donde el tiempo de respuesta hasta observar un fenómeno o suceso resulta fundamental**".

En casos como el citado por María Bellón la variable de interés es el tiempo. Aunque puedan existir otras unidades de observación en un estudio de Supervivencia, éstas podrían perderse durante el proceso de seguimiento".

Los antecedentes del análisis de Supervivencia se encuentran en la construcción de tablas de mortalidad conocidas también como tablas actuariales. Las primeras tablas fueron construidas por el astrónomo inglés Edmon Halley (1659-1742)[54] a partir de los registros de nacimientos y funerales de la ciudad de Breslau (Halley, 1693).

Sin embargo, el análisis de Supervivencia tal como se conoce hoy se ha desarrollado en el campo de la Ingeniería Militar para llevar a cabo análisis de la vida útil de elementos o mecanismos importantes utilizados en la industria militar. La Segunda Guerra Mundial aceleró el desarrollo de estas técnicas dando origen a la aplicación en la industria militar en auge.

Domenech[55], 1,992, describe a los estudios de Supervivencia: "son estudios de supervivencia debido a que en sus primeras aplicaciones el suceso de interés era la muerte. Hoy en día la aplicación de los métodos de supervivencia se extienden a sucesos o eventos que no son necesariamente de carácter negativos o de fatalidad".

Estos sucesos pueden ser incluso de carácter positivos, tal como el "tiempo transcurrido desde que se adopta una medida trascendental en un proyecto hasta que dicha medida produce los resultados esperados y se suspende la aplicación de dicha medida".

Aunque a esta técnica estadística se le llame análisis de Supervivencia no siempre la muerte es el suceso o acontecimiento final. Lo que debe privar en el análisis de estos eventos en particular, es que solamente el suceso ocurra una vez. Lo cual definirá en estos eventos o sucesos que no tiene un punto de no retorno.

---

[54] Análisis de Supervivencia. Instituto de Ciencia y Tecnología para el Desarrollo (INCYTE). Mar, 30/04/2013 - 15:24 -- incytde. William Adolfo Polanco Anzueto.
[55] Análisis de Supervivencia. Instituto de Ciencia y Tecnología para el Desarrollo (INCYTE). Mar, 30/04/2013 - 15:24 -- incytde. William Adolfo Polanco Anzueto.

La "probabilidad de la Supervivencia" (también es llamada función de Supervivencia), es la probabilidad de que un sistema, mecanismos, obreros o grupos de obreros continúen desde la fecha de que inicia un estudio hasta un momento determinado en el tiempo t.

En cualquier análisis de Supervivencia, se suele acompañar al suceso de la respectiva representación gráfica para expresar visualmente la disminución de la probabilidad de continuar con el transcurso del tiempo. En estos gráficos las abscisas y las ordenadas representan al tiempo y a la variable dependiente respectivamente.

El análisis de Supervivencia se asocia con los modelos de Kaplan-Meier y el modelo de regresión de Cox. En el estudio de abandono del trabajo por parte de los obreros, se observará como primeros resultados la representación gráfica del estimador de Kaplan-Meier.

La implementación de los modelos de regresión de Cox, se utilizan para estimar el efecto de las variables de estudio sobre los tiempos de supervivencia, la selección de las mismas y luego el cálculo de parámetros para generar un modelo que permita explicar la ocurrencia de los que esperamos que ocurra en función del tiempo. La ventaja de aplicar el análisis de Supervivencia estriba en que permite calcular el período más probable en que ocurrirá el evento.

Los resultados son útiles tanto para la planificación de obras, diseño de políticas laborales y de contratación que incidan en el personal contratado de forma de poder anticiparse al abandono del trabajo.

También es útil para aplicarse en áreas de la Gestión de Proyectos. La aplicación de estas técnicas permite a los Gestores de Proyectos ser más eficiente en la disposición de los recursos materiales, técnicos y económicos de las obras que se ejecutan en dichos proyectos.

La aplicación del análisis de Supervivencia se hace apropiado cuando lo que se está investigando es el tiempo desde que se inició un evento o suceso hasta que algo ocurre. En general para realizar estos estudios se precisa recoger al menos dos variables: el tiempo y los datos de la ocurrencia o no del suceso terminal.

3.8. Modelos de regresiones

En la industria de la construcción, durante la ejecución de las obras de un proyecto los Constructores y Gestores de Proyectos abordan situaciones, producen soluciones y toman decisiones bajo incertidumbre en los que intervienen variables que tienen una relación inherente e inseparable.

Las relaciones inseparables e inherentes que denotan este tipo de variables son estudiadas mediante la aplicación de técnicas denominadas **"análisis de regresión"**. Estas son técnicas estadísticas para el modelado y la investigación de las relaciones entre dos o más variables.

Por ejemplo: en un proceso constructivo en el que se alista, arma y se coloca acero de refuerzo grado 40 para la construcción de vigas de cimentación la cantidad de metros lineales de vigas construidas está estrechamente vinculado al, armado del acero, colocado del acero, formaleteado de las vigas, a la producción de hormigón y a la velocidad de colado o vertido del hormigón en las formaletas.

El análisis de regresión puede emplearse para construir modelos que permitan predecir por ejemplo "el rendimiento de construcción de vigas de cimiento de hormigón armado, o los metros de construcción de la vigas de cimiento de hormigón armado". Un modelo es una relación matemática que establece una relación entre una variable dependiente y las variables independientes.

Las regresiones se clasifican en lineales y no lineales. Las regresiones lineales a su vez se clasifican en regresiones lineales simples y múltiples. Las regresiones no lineales se clasifican en exponenciales, logarítmicas y polinómicas.

En estadística existe una diferencia bien marcada entre la definición y aplicación de una **regresión** y una **correlación**. Una correlación corresponde a una prueba de hipótesis. Utilizamos correlación en los niveles de la investigación relacional y explicativa para saber si existe o no existe correlación. En cambio las regresiones son útiles para la construcción de modelos predictivos.

Cuando se trabaja en el nivel predictivo de la investigación se sobreentiende que ya se ha agotado el análisis de las variables en estudio, tanto en el nivel relacional como explicativo. Se sobreentiende que ya se ha demostrado la existencia de la correlación entre las dos variables en estudio. Se sabe que, habiendo atravesado por el nivel explicativo una variable es la causa de la otra. Que una variable influye sobre los niveles de la otra variable.

En cambio el nivel predictivo, no se está poniendo a prueba si existe o no la relación entre variables. En el nivel predictivo se sabe que tal relación existe, se sabe que existe influencia de una variable sobre la otra.

Esto se sabe, porque se han completado los estudios en los niveles relacional y explicativo. En el nivel predictivo no se realizan pruebas de hipótesis. Sino, que se crean modelos predictivos.

Un modelo que puede representar regresiones lineales y no lineales. Estos modelos se pueden emplear tanto en la fase de planificación de las obras de un proyecto, como en la fase de ejecución, monitoreo y seguimiento de las mismas.

Para crear un modelo predictivo que represente un evento particular de los proyectos de construcción, se debe seguir la secuencia de procedimientos siguiente: especificación, estimación, validación y utilización. Ver ilustración 3.8.1.

Ilustración 3.8-1

1- Especificación: con el procedimiento especificación se definen las variables endógenas (variables a predecir) y las variables explicativas. También, debe definirse la forma funcional entre estas variables, tal como relación lineal, logarítmica, exponencial, etc.

Si se trabaja con más de una variable independiente, se debe elaborar un cuadro de operacionalización de variables que permita identificar cual es el modelo que se pretende construir.

2- Estimación: ya definido el modelo que se construirá se pasa a realizar el procedimiento estimación. Con la estimación, se calculan los parámetros del modelo que se han definido previamente. Si se ha definido una regresión lineal simple estos parámetros corresponderán a la constante y el coeficiente de la variable independiente.

3- Validación: una vez completado el proceso de la estimación se pasa a realizar el procedimiento validación. Esta validación se puede realizar de forma individual y de manera conjunta.

Se realiza una validación de manera individual cuando se validan las variables independientes, una a una. Se realiza una validación conjunta cuando se hace validación para todas las variables un su conjunto.

4- Utilización: finalmente el modelo que se ha construido, se le aplica el procedimiento utilización. Esto corresponde a la predicción de los eventos. Es el hecho de aplicar el modelo que se ha construido para calcular la variable dependiente. Es el nivel en el cual se aplica el modelo o la ecuación construida para predecir la variable dependiente.

3.9. Análisis de Supervivencia de Kaplan Meier

¿Cuál es el objetivo del método de análisis Kaplan-Meier en la Gestión de Proyectos de construcción de obras civiles?

Kaplan Meier es un estimador no paramétrico de la función de Supervivencia. Este estimador permite realizar gráficas escalonadas mediante las cuales se puede apreciar la ocurrencia de las acciones negativas (líneas verticales) de un evento en estudio, y la ocurrencia de las acciones positivas o líneas rectas horizontales entre dos tiempos de ocurrencia del suceso.

En el ámbito de la Gestión de Proyectos de construcción de obras civiles, es particularmente necesario los estudios de eventos o sucesos que tienen un origen y un final bien demarcados.

La medición del tiempo desde que se inicia la construcción de las obras, contenidas en la listas de obras de un contrato de construcción, hasta la finalización total de estas obras (actividades u acciones) tienen gran relevancia e importancia en la industria de la construcción.

Estas mediciones pueden utilizarse como criterio para la evaluación de la efectividad y eficiencia con la que se está realizando la Gestión de Proyectos de construcción.

La medición del tiempo de inició de construcción de una obra hasta la finalización de dicha obra, se puede medir mediante el estimador de **Kaplan-Meier**. Cuando se utiliza este estimador para medir el tiempo que dura la construcción de una obra (un concepto de obra o el proyecto) se le denomina "Estudio de Supervivencia".

El objetivo de la metodología Kaplan Meier, es la estimación de la probabilidad de que una obra o un grupo de actividades o acciones estén completamente terminados en un intervalo de tiempo definido (probabilidad condicionada). O, que un dispositivo, pieza o mecanismo falle en un tiempo t.

La función de Supervivencia es un estimador no paramétrico, es utilizado para muestras pequeñas (menores que 30) y no requiere que la distribución de los datos muestrales o poblacionales sean normales. Kaplan Meier calcula el tiempo exacto en que ocurrirá un suceso tal como la finalización de una obra o la finalización del proyecto, o la finalización de un suceso de relevancia en un proyecto. O, simplemente el fallo de un dispositivo, pieza o mecanismo.

Contrario al método Kaplan Meier, **el método actuarial** nos permite dar seguimiento a objetos de obras en procesos situados en intervalos o espacios regulares, analizándose mediante éste método la probabilidad de que los conceptos de obras no estén totalmente terminados en cada uno de estos espacios o intervalos. Para el cálculo de las tablas actuariales se utiliza la mediana.

3.9.1. Aplicación del análisis de Kaplan Meier

Cada vez que se hace un estudio de Supervivencia: estudios de reducción del acarreo interno de un proyecto, incumplimiento en los suministros, complicaciones logística, estudios de la ocurrencia de un suceso o evento en el tiempo, tiempo que le queda a un proyecto para llegar a tener insolvencia financiera, ect.

La metodología Kaplan Meier puede ser utilizada para estimar la probabilidad de Supervivencia en un periodo de tiempo determinado.

La Supervivencia, aplicada al ámbito de las construcciones de obras civiles, significa que el suceso o evento de interés no ha ocurrido. El suceso puede ser el colapso de un dispositivo, pieza o mecanismo que se utiliza en los proyectos de construcción, complicaciones de construcción después de aplicada una medida correctiva, o un nuevo proceso productivo o cualquier otro efecto adverso que ponga en riesgo la finalización en tiempo del proyecto. O ponga en riesgo la generación de utilidades.

Kaplan Meier por tanto proporciona la probabilidad de estar libre del suceso en el tiempo t. Contrariamente, en la función de Supervivencia, uno menos la probabilidad de estar libre del suceso en el momento t" es la probabilidad de tener el suceso en el momento t.

3.9.2. Variables estudiadas en el análisis de Supervivencia

La variable que se estudia en un análisis Supervivencia mediante Kaplan Meier, por lo general es el tiempo transcurrido desde el inicio de un suceso hasta que el suceso ocurre. Sin embargo, un estudio de Supervivencia mediante Kaplan Meier puede contener muchas otras variables. Algunos de estos eventos estudiados mediante Kaplan Meier en la industria de la construcción son los que se describen en la tabla 3.10.

Tabla 3.10 (1): Variable de estudios y variables explicativas.

VARIABLE DE ESTUDIO	CENSURA	EXPLICATIVAS
Tiempo que ha transcurrido un suceso desde que se inició el seguimiento	Para indicar si se ha producido o no el evento terminal (incluyendose dodos aquellos casos en que han salido del estudio durante su realización)	Variables explicativas cuya influencia sobre la variable repuesta se desea estudiar
Tiempo de duración del proyecto	Incumplimiento en los tiempos de suministros	Incremento en el costo de los materiales
Tiempo de duración de un concepto de obra	Incumplimiento de suministros por parte de los proveedores	Falta de aprobación de materiales por parte de la Supervisión
Tiempo en que se dieron los suministros	Falta de seguimiento a la variable de estudio	Sexo
Tiempo de repuesta sobre los eventos negativos ante medidas correctivas		Edadad
Tiempo de duración en el incumplimiento de un contrato		Nivel academico
Tiempo de duración desde que se emite una factura de un avalúo hasta que se obtiene el pago respectivo		Iliquidez del proyecto
		Ocurrencia de un caso fortuito o de fuerza mayor

Los sucesos o eventos que se estudian son aquellos donde la variable tiempo y el estado adquirido por estos sucesos tienen un efecto terminal para el proyecto. Ejemplos, colapso financiero de un proyecto, ejecución de una obra o de un proyecto, resultados obtenido mediante la aplicación de medidas correctivas ante una situación existente, etc.

La ocurrencia de un suceso es la diferencia entre la fecha de comienzo de la observación y la de ocurrencia del suceso. La diferencia de tiempo puede ser también expresado en días, horas, minutos o segundos.

Lo que hace diferente al análisis de Supervivencia respecto a la de otros métodos estadísticos es la presencia de observaciones incompletas. Las observaciones incompleta en la serie de datos es llamada censura estadística.

3.9.3. Censura y truncamiento estadístico

Un estudio o ensayo clásico de Supervivencia consiste en observar a lo largo del tiempo una muestra de dispositivos o piezas en funcionamiento; o sucesos de gran interés para el desarrollo de un proyecto de construcción de obras civiles.

La variable de interés suele ser el tiempo de fallo del dispositivo o pieza; o puede ser el tiempo transcurrido desde que se dio inicio el suceso de interés hasta cuando se produjo el desenlace en dicho suceso.

Cuando se realizan estos estudios denominados de Supervivencia, existen ocasiones en las que no es posible la observación completa de estas variables debido a que no es factible la continuación del ensayo o experimento hasta que fallen todos los dispositivos y piezas, u ocurra el desenlace del suceso.

Las dos causas principales por la que no es posible continuar con el ensayo o experimento, u observar el desenlace del evento son la censura estadística y truncamiento estadístico.

3.9.3.1. Censura

En estadística aplicada, particularmente en investigaciones de ingeniería, se le denomina censura estadística al estado que adquieren los valores que toman las variables en estudio cuando el valor observado por un investigador describe valores parciales.

A estos valores que toma la variable en estudio se les denomina parciales, debido a los registro de la serie de datos está incompleta a causa de que el investigador no ha podido verificar ciertos valores cuando realizó un segunda, tercera o "n" medida a dicha variable en estudio.

La censura también puede ocurrir cuando hay mediciones que realiza un investigador mediante instrumentos mecánicos a las variable en estudios; y durante el experimento o prueba, se observan valores fuera de la escala del instrumento de medición.

Por ejemplo, si en una prueba hidrostática sostenida en 24 horas en una tubería PVC-SDR-26, se utiliza un manómetro de glicérica con escala máxima de 10 bar y se aplica presión por debajo de los 10 bar durante los 11 primeros registros y cuando se va a realizar la décima segunda medición se aplica más presión a la tubería en prueba de lo que resiste el manómetro. El manómetro saldrá de escala y solamente se sabrá que el manómetro colapsó al llegar a los 10 bar. Pero no se sabrá cuanta presión se aplicó. Cuando ocurren casos como estos el dato o registro es un dato censurado estadísticamente.

La censura estadística destacamos dos tipos: Censura Tipo I, en la cual los dispositivos o piezas, o el suceso son observados hasta un tiempo determinado; y la Censura Tipo II, en la que los dispositivos o piezas, o el suceso son observados hasta que ocurran un número determinado de fallos. La determinación del tiempo para el Tipo I y el número de fallos para el Tipo II deben establecerse antes de iniciar el experimento, y no durante el transcurso del mismo.

La censura estadística no debe confundirse con el concepto de truncamiento. Con la censura estadística, se sabe que las observaciones o datos censurados superan cierto umbral (caso del manómetro de glicerina). Esta serie de datos con registros parciales puede usarse a para modelar estadísticamente el evento o suceso. Con el truncamiento, las observaciones se descartan enteramente.

Para el análisis de Supervivencia se necesita registrar todos los datos de los dispositivos o piezas, o el suceso censurados y no censurados, la variable tiempo (horas, días, mes, años), y el grupo al que pertenece cada actividad o acción (por ejemplo tipo de correcciones aplicadas.

La variable tiempo debe ser numérica. La variable suceso se codifica: por ejemplo, como 1 si el evento ha ocurrido (dato no censurado), "0" si el evento no ha ocurrido (dato censurado). A menudo al presentar los datos se especifica el tiempo de Supervivencia y se usa el signo "+" para representar los datos censurados.

3.9.3.2. Truncamiento

Truncamiento por la izquierda: ocurre cuando los dispositivos o piezas, o el suceso entran al estudio a edades aleatorias. Por tanto, el origen del tiempo de vida precede al origen de estudio.

Para aquellos dispositivos o piezas, o el suceso en los que el fallo tiene lugar antes del inicio del estudio serán ignorados y no entrarán a formar parte del estudio. La información que se registra se refiere por tanto no a la variable de interés tiempo de vida tal cual, sino a esta variable condicionada a que los dispositivos o piezas, o el suceso perduró para entrar en el estudio.

Truncamiento por la derecha: ocurre cuando sólo los

dispositivos o piezas, o el suceso que presentan el evento o fallo son incluidos en el estudio. En este caso la información que se registra también corresponde a una variable condicionada a que el tiempo de fallo fue anterior a la finalización del estudio. Los dispositivos o piezas, o el suceso que no cumplen esta condición son ignorados por el experimento.

3.9.4. Gráfica de la función Supervivencia

La función de Supervivencia de Kaplan Meier es una serie de escalones en líneas rectas, horizontales, entre los tiempos (t_n y t_{n-1}) de ocurrencia del suceso de forma consecutiva. Las caída vertical en cada tiempo significa un colapso, finalización o acción negativa. Esta función no está definida después de la última observación si esta es una observación censurada.

Estos gráficos son útiles para describir o comparar en la línea de las abscisa se muestra el tiempo y en la ordenada la probabilidad de Supervivencia.

3.9.5. Interpretación de la curva de Supervivencia

Si la tasa de Supervivencia de un grupo de actividades o acciones a las 48 horas de la fecha de comienzo del estudio es de 0.8, esto significa que, en la media, 8 de cada 10 actividades o acciones de este grupo estarán aún sin colapsar o terminar a las 48 horas. En este ejemplo, la ocurrencia del suceso es el colapso o la conclusión de la actividad o la obtención de resultados obtenidos con una acción tomada, pero podría haber sido cualquier otro.

Por ejemplo la aparición de una complicación en el estado de liquidez de una obra del proyecto el cual pudo detectarse mediante seguimiento de la variable disponibilidad financiera (disponibilidad liquida en caja y banco, así como disponibilidad de valores convertibles de corto plazo).

3.9.6. Tablas actuariales

En teoría todo proyecto de construcción de obras civiles, horizontales y verticales, en cumplimiento de condiciones contractuales (contenidas en un contrato) no tiene ni debería tener problemas para su instalación y organización. Por tanto, carece de situaciones indeseadas.

En general todo proyecto cuando inicia en circunstancias normales de cumplimiento de contrato, carece de problemas de suministros de recursos para su ejecución. No debe, ni debería tener obstáculos para el suministro de, materiales, mano de obras, equipos, recursos financieros, tiempo, etc.

3.9.6.1. Punto donde iniciar un seguimiento mediante las tablas actuariales

El inicio del proyecto es un punto donde se origina la incubación de los eventos o sucesos que podrían crear conflictos y situaciones adversas para el buen desarrollo de las obras de un proyecto de construcciones de obras civiles. Es un punto hito para dar seguimiento a las obras de construcción.

Es con la apertura del proyecto que el **sistema de control industrial** que se ha diseñado para el proyecto debe comenzar a operar. Es con la apertura del proyecto que deben iniciarse los estudios de monitoreo y seguimiento estadístico de todas las obras que se ejecutarán, monitoreo y seguimiento de todas las variables que intervendrán durante el desarrollo de las obras, de todas las unidades de estudio. En el punto de la línea de tiempo donde se inicia un proyecto, debe ser también el origen de la línea de ejecución de los planes que se debieron elaborar en días precedente. También debe ser el origen de los programas de control industrial de todas las variables que intervienen en el proyecto.

Dar inicio a un proyecto cumpliendo las tres condiciones: **inicio del proyecto, inicio de ejecución de los planes e inicio del programa de control industrial**, proveerá seguridad a Inversionistas, Constructores y Gestores de Proyectos. Trasmitirá seguridad de que las obras se concluirán en el tiempo previsto y con las condiciones previstas por contratante y contratista.

Todo proyecto cuando inicia está libre de situaciones adversas a éste, libre de situaciones o estados discrepantes al buen desarrollo de las obras. Para el monitoreo y seguimiento de las obras, durante la fase de ejecución del proyecto, el primer evento de gran trascendencia es el inicio mismo de del proyecto.

Este evento es de suma importancia para dar inicio a los estudios de seguimiento de las obras del proyecto, es de suma importancia para dar inicio a los estudios de incidencia[56] o de prevalencia[57], estudios de Supervivencia, estudios actuariales, etc.

Es cuestión de tiempo para que cualquier situación adversa al proyecto surja o aparezca. Por tanto, los estudios de monitoreo y

---

[56] Estos estudios permiten conocer los casos nuevos de una situación anómala o malestar que impide el buen desarrollo de las obras del proyecto, en un cierto período. O, un problema durante un cierto período en los equipos o grupos de equipos de construcción.

[57] Son estudios transversales que miden en un punto determinado del tiempo una proporción de una característica de una unidad de estudio en cierta población estadística que haya en un proyecto de construcción. Mediante estos estudios se obtiene una "fotografía" de un problema que exista en esta unidad de estudio. Con este tipo de estudio se busca conocer todos los casos donde exista el problema que se ha identificado, sin importar por cuánto tiempo la unidad en estudio pueda mantener esta característica ni tampoco cuando se originó.

seguimiento de las obras que se pretendan realizar en el proyecto, deben disponer de todos los registros de las unidades de estudios y de las variables que intervienen en los procesos constructivos del proyecto.

3.9.6.2. Carácter estocásticos de las variables para construir tablas actuariales

En teoría, ningún proyecto constructivo debería atravesar por circunstancias adversas, pero las variables que se generan en los procesos constructivos NO son de carácter determinista, sino de carácter estocásticas o casuales. Son variables probabilísticas, se generan en ambientes de incertidumbre.

Por lo que, para disponer de un buen control estadístico de las variables y efectuar estudios de monitoreos y seguimientos apropiados, estas variables deben ser tratadas mediante procesos estocásticos.

Es debido al carácter estocástico de las variables que intervienen en los procesos constructivos que debe tenerse presente la aparición de situaciones adversas o negativas en los proyectos de construcción.

Estas situaciones adversas o situaciones negativas que entorpecen el buen desarrollo de las obras, aparecerán en cualquier instante en el proyecto, y los Constructores y Gestores de Proyectos deben conocer las características de este tipo de variables, deben conocer muy bien a las variables estocásticas.

Por ejemplo, en un proyecto podría producirse atrasos en el desarrollo de las obras hidráulica para producir energía eléctrica, si las obras se ejecutan en un país con un clima de trópico húmedo, y antes de haber iniciado el proyecto no se estudiaron todas variables que intervendrán en todos los eventos.

Estos atrasos en el desarrollo de las obras, podrían producirse por causa de una temporada de lluvias intensas que no estaban previstas, por cálculos inadecuados para el traslado de materiales en zonas pantanosas y montañosas, por coordinación deficientes de los sistemas de logística, por la aparición de mantos rocosos en zonas no previstas, etc. Es cuestión de tiempo para que estos atrasos se produzcan durante la ejecución del proyecto hidráulico.

Es imposible prever con precisión la pluviosidad, es difícil anticiparse a todos los potenciales problemas de logística, o simplemente haber previsto mediante un estudio geotécnico todos los tipos de materiales que se excavarían. Sin embargo, si es posible hacer estudios estadísticos que monitoreen y den seguimiento a todas las variables y unidades de estudios que intervienen en los procesos constructivos. Mediantes estos estudios estadísticos se disminuirían los efectos de los impactos en los proyectos cuando aparecen situaciones adversas y no previstas.

Estas variables que dan origen situaciones adversa en los proyectos de construcción, deben ser parte de los estudios de monitoreos y seguimientos para que no pongan en riesgo la finalización de las obras dentro de los tiempos y costos previstos. Tal como se precisan condiciones en el ejemplo del proyecto de las obras hidráulicas para producir energía eléctrica.

Ante la falta de previsiones en un proyecto de construcción para todos los estados posibles de las variables estocásticas, particularmente de aquellas variables que potencialmente puedan generar situaciones adversas o negativas, y de las cuales no se puedan obtener todas las mediciones requeridas, los Constructores y Gestores de Proyectos deben utilizar técnicas y procesos actuariales. Debe aplicar el método actuariales para realizar predicciones y pronósticos. El método actuarial corresponde a la estadística no paramétrica.

Un proceso actuarial, es un conjunto de actividades o eventos coordinados y organizados que se realizan o suceden alternativamente o simultáneamente bajo ambientes de poca certeza o de incertidumbre, y tiene como propósito recabar datos, almacenarlos y procesarlos en un determinado lapso de tiempo. Organizando los datos en espacios de tiempos iguales denominados intervalos.

Estos datos procesados son organizados en tablas denominadas tablas actuariales. Durante la realización de procesos actuariales, existirán muchas ocasiones en proyectos de construcción en que la segunda o subsiguientes medidas o registros de las variables que precisan los estado no deseables o deseables, no se conocerán debido a fallos del sistema de control, o debido a condiciones adversas que lo impidieron.

Tales situaciones ocurren por diversas circunstancias. Por ejemplo en el proyecto hidráulico para generar energía, puede ocurrir por atrasos en los suministros de la tubería que conducirá agua, efectos climáticos, liquidez deficiente del proyecto, huelga laboral, etc. O, simplemente un suceso no tuvo lugar antes de que finalicemos el estudio de seguimiento o llevemos a cabo la segunda o subsiguientes evaluaciones.

Debe tenerse presente que no se puede hacer seguimiento a las obras de manera indefinida sin disponer de puntos de cortes para evaluar resultados. Los seguimientos que se hacen a las obras de construcción deben realizarse de forma periódica. En general en el sector de la construcción estos seguimientos se realizan de forma mensual, pero con el uso intensivo de medios informáticos estas evaluaciones bien podrían realizarse de forma diaria o semanal.

Si nuestro interés fuese registrar en un primer momento todos los eventos que produjeran atrasos en la ejecución de las obras hidráulica (proyecto), podrían obtenerse estos registros con mucha facilidad; sin embargo, al realizarse una segunda medición para todas las variables que inicialmente habíamos medidos, habrán variables de la que no podrán obtener una segunda medida, debido a diversas circunstancia.

Por ejemplo: si dos de las variables que medimos una primera vez fueron, tiempo de arribo de la tubería de Poliéster Reforzado con Fibra de Vidrio (GRP) y nivel de ejecución de las obras de captación (presa de hormigón reforzado). Y, por falta de información del proveedor de la tubería e información de los ejecutores de la obra de captación, no se puede obtener una segunda medida de las dos variables, sería incorrecto realizar análisis estadístico mediante procedimientos paramétricos, regresiones o series de tiempos. Por tanto, debemos recurrir a la **estadística no paramétrica**.

En los procesos de seguimiento cuando se dispone de series de datos incompletos, o que la variable en estudio no pudo ser medida una segunda vez debido a diversas circunstancia, no se puede utilizar pruebas como la t de student para comparar medias, o a la regresión lineal para realizar estudios de predicción y pronósticos.

¿Cuál es la solución en estos caso?. La utilización de tablas actuariales o de mortalidad, estadística no paramétrica. Estas tablas se utilizan para hacer seguimiento a los procesos constructivos, son estudios prospectivos porque se planea tomar o recoger datos de primera fuente, son estudios analíticos porque en el estudio pueden estar presente varia variables, son longitudinales porque las variables son medidas en varias ocasiones.

En los estudios actuariales, la variable de estudio es el tiempo, es de tipo numérica, las otras variables que pueden estar presente en los estudios actuariales son categóricas. Estos estudios se dan en el nivel predictivo de la pirámide de investigación. Los estudios actuariales, consisten en subdividir el período de observación en intervalos iguales de tiempos, semanas, meses, trimestres, años, etc.

En cada intervalo se calcula la probabilidad que un evento terminal, o un evento negativo para los procesos constructivos tenga lugar dentro del período del intervalo. Los eventos pueden ser negativos como el "no suministro de materiales" o puede no ser negativo como el "suministro de los materiales". Esta distinción es muy importante debido a que el evento deseado o positivo se codificará con "1" y el no deseado, negativo o terminal se codificará con "0" Las probabilidades estimadas para cada intervalo se utilizan para estimar la probabilidad global de que el evento tenga lugar en diferentes puntos temporales.

En los procesos de seguimiento cuando se dispone de una series de datos incompletos, o cuando la variable en estudio no pudo ser medida una segunda vez debido a diversas circunstancia, no se puede utilizar pruebas como la "t de student" para comparar medias, o la regresión lineal por no ser apropiadas. A continuación se presenta un ejemplo real que tuvo lugar en el área de logística de un empresa constructora en Nicaragua.

3.9.6.3. Ejemplo de construcción de una tabla actuarial

Se tiene una matriz de datos de 30 tipos de materiales distintos (30 observaciones del evento) solicitados por un proyecto "P" que construye un hospital primario, ver tabla 3.10 (2).

Cada observación corresponde a un tipo de material (no se trata ni se registra la cantidad de materiales). El proyecto solicita con 30 días de anticipación, a su utilización, los materiales que utilizará en siguiente mes de trabajo.

Cuando los solicita, los Ingenieros también describen en su

solicitud la fecha en que serán utilizados estos materiales. Esta fecha es utilizada para evaluar el cumplimiento de los suministro servidos de cada uno de los materiales (cada una de las observaciones de las 30). Por tanto, el proyecto cuenta con la medición exacta de cuando fue solicitado cada tipo de material, y cuando ha recibido estos materiales.

Cuando el suministro es recibido dentro de la fecha prevista establecidas en el programa del mes, cada observación se describe como **"no censurado", esto es el evento deseado.** Y cuando el suministro ha sido completado fuera de las fecha prevista o aún no han recibido los suministro han sido clasificado como **"censurado", esto es el evento no deseado.**

Una vez ingresada la base de datos en el SPSS y declaradas la variables en la pestaña vista de variable. La secuencia de comandos ejecutados, utilizando IBM SPSS Statistic versión 22 para construir una tabla actuarial, se describe a continuación: Analizar→Supervivencia→Tablas de mortalidad. Ver ilustración 3.9.6.3-1.

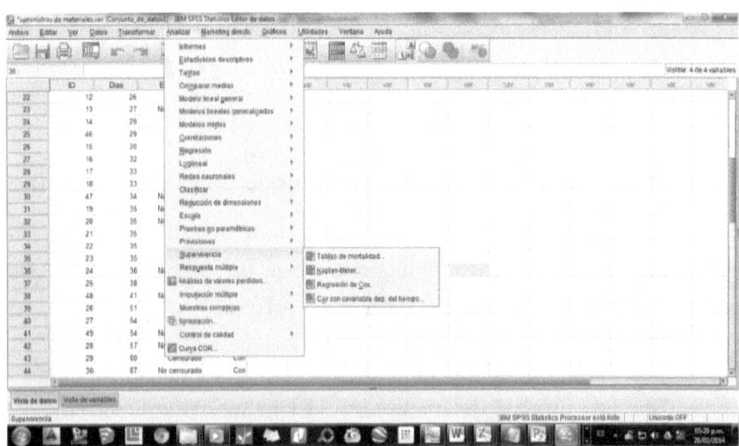

Ilustración 3.9.6.3-1

Con esta secuencia de comandos se ingresa a la ventana tabla de mortalidad, colocando en el campo "hora" la variable "Días".

Sucesivamente se deberá ingresar el mayor valor que tiene la variable Días, para este ejemplo el mayor valor que encontramos en la base de datos es 30.

Este valor, se deberá ingresar en el primer cuadro de la sección mostrar intervalos de tiempo. En el segundo cuadro de esta sección, deberá colocarse un número correspondiente al tamaño del intervalo (7 para una semana, 30 para un mes, etc) que el investigador requiera para el tipo de estudio que está realizando. Para este ejemplo se ha utilizado 7, debido a que la variable Días tiene precisamente la unidad de medida en días, y un buen intervalo para este estudio sería por semanas.

Subsecuentemente debe ingresarse la variable estado, esto se deberá hacer en el campo estado. Una vez ingresada esta variable, a continuación debe pulsarse el botón definir evento para declarar al valor igual a "1" e indicar que el evento ha tenido lugar. Ver ilustración 3.9.6.3-2.

Ilustración 3.9.6.3-2

Una vez que se ha ingresado la variable estado, la ventana de tabla de mortalidad debe tener una apariencia como la que se muestra en la ilustración 3.9.6.6-3.

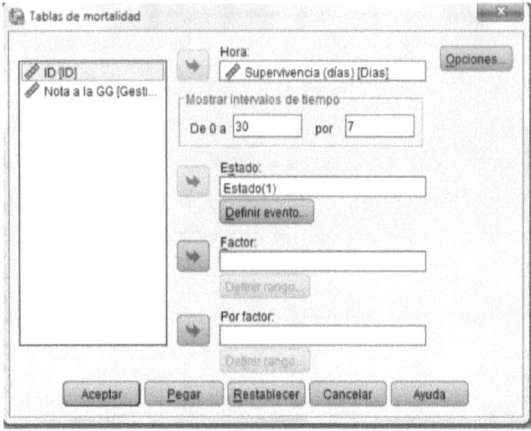

Ilustración 3.9.6.3-3

Luego de haber completado la información en el recuadro hora, haber completado la información para construir los intervalos de tiempo, y haber introducido la variable estado. Se debe pulsar el botón opción para definir los tipos de gráficos que se requieran generar.

Dentro de esta opción hay dos tipos de gráficos que son de interés para los constructores, el gráfico de supervivencia y el gráfico uno menos la supervivencia.

Al pulsar el botón gráfico se obtendrá la ventana Tabla de mortalidad: Opciones. En esta ventana deberá seleccionarse la opción de Supervivencia y uno menos la supervivencia. Ver ilustración 3.9.6.3-4.

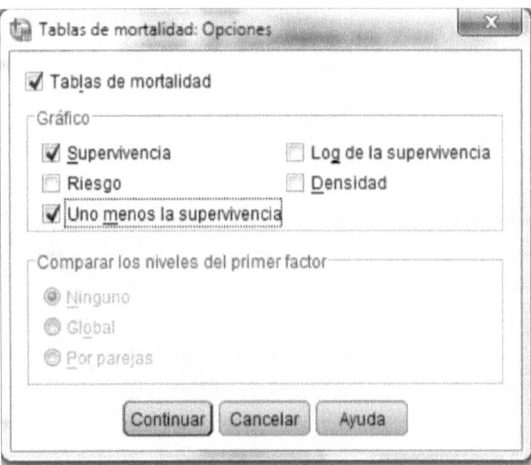

Ilustración 3.9.6.3-4

La opción Supervivencia hará que el programa grafique la función de Supervivencia en la que mostrará el evento no deseado. Y la opción uno menos la Supervivencia hará que el programe muestre la gráfica del evento deseado.

Una vez seleccionadas las opciones de la tabla de mortalidad, se debe pulsar el botón continuar para regresar a la ventana Tabla de mortalidad.

De regreso en la tabla de mortalidad, se deberá pulsarse el botón Aceptar. Con ello el software SPSS generara la tabla actuarial denominada por el software como "tabla de mortalidad".

El software genera una ventana denominada ventana de Resultado donde muestra la tabla de mortalidad y los gráficos seleccionados. Esta tabla se muestra en dos partes en la tablas No 3.9.6.3 (3) y la No 3.9.6.3 (4).

La base de datos que se utilizó para realizar este ejercicio es la tabla 3.9.6.3 (2).

Tabla 3.9.6.3 (2): Base de datos de la variable suministros de materiales.

ID	DÍAS TRANSCURRIDO DESDE EL INICIO DEL SEGUIMIENTO (REALIZACIÓN DEL PEDIDO)	ESTADO
36	7	No censurado
1	9	No censurado
37	9	No censurado
2	12	No censurado
3	12	Censurado
38	12	No censurado
39	12	No censurado
4	13	Censurado
5	14	Censurado
6	16	No censurado
7	18	Censurado
8	19	No censurado
40	19	No censurado
9	23	Censurado
41	23	No censurado
10	24	Censurado
42	24	No censurado
43	24	No censurado
44	24	No censurado
45	24	No censurado
11	25	Censurado
12	26	Censurado
13	27	No censurado
14	29	Censurado
46	29	Censurado
15	30	Censurado

Tabla elaborada por el autor con datos provenientes del proyecto hospital primario P

La tabla actuarial que proporciona el software IBM SPSS Statistic se presenta en dos tablas No 3.9.6.3 (3) y la No 3.9.6.3 (4).

ESTADÍSTICA PARA CONSTRUCTORES

Tabla 3.9.6.3 (3): Tabla actuarial de la variable "suministros de materiales".

1	2	3	4	5	6	7
Días por intervalo	Número suministros que entra en el intervalo	Número de censurados o suministros no realizados o realizado fuera de tiempo durante el intervalo	Número de suministros expuestos a riesgo de incumplimiento	Número de suministros efectuados	Proporción de los suministros efectuados	Proporción de los suministro pendientes de envío
0-7	26	0	26.000	0	0.00	1.00
7-14	26	2	25.000	6	.24	.76
14-21	18	2	17.000	3	.18	.82
21-28	13	4	11.000	6	.55	.45
28-30	3	3	1.500	0	0.00	1.00

Tabla elaborada por el autor con datos provenientes del proyecto hospital primario P

Tabla 3.9.6.3 (4): Tabla actuarial de la variable "suministros de materiales".

8	9	10	11	12	13
Probabilidad de los suministros pendientes de envíos sean enviados al final del intervalo	Error estándar de la proporción acumulada que perdura al final el intervalo	Densidad de probabilidad	Error estándar de la densidad de probabilidad	Índice de riesgo	Error estándar del índice de riesgo
1.00	0.00	0.000	0.000	0.00	0.00
.76	.09	.034	.012	.04	.02
.63	.10	.019	.010	.03	.02
.28	.10	.049	.015	.11	.04
.28	.10	0.000	0.000	0.00	0.00

Tabla elaborada por el autor con datos provenientes del proyecto hospital primario P

La información que se obtiene de las tablas actuariales son de gran importancia y trascendencia para la toma decisiones en los proyectos de construcción de obras civiles. En este caso se ha analizado el sistema logístico para un proyecto "P), pudiéndose aplicar esta técnica a una empresa que ejecute varios proyectos simultáneamente. La información obtenida es la siguiente:

- En la primera columna se observan los períodos. Antes de revisar los resultados de la tabla actuarial, debe completarse los intervalos de períodos. El software no construye los intervalos completos, el investigador deberá manualmente completar esta tarea.

- La segunda columna muestra el número de suministro que entran a evaluación en cada intervalo. En el primer intervalo se muestran los 26 suministros solicitados y a los cuales se les está dando seguimiento durante los subsiguientes 30 días.

- La tercer columna contiene el número de suministros que no han sido entregados o que han sido entregado fuera de tiempo.

  En la columna tercera puede observarse que a los 21 días, nueve días antes de la finalización del período de seguimiento, existen 4 suministros que nos han sido entregados. A los 30 días existen 3, y en total ha habido 11 suministros que no han sido entregados en los tiempos previstos.

- En la columna cuarta se observan los suministros que están en riesgo de ser entregados fuera de tiempo. Se observa por ejemplo que a los 21 después de haberse iniciado el seguimiento existen 11 suministro que corren el riesgo de no ser entregados a tiempo.

- En la quinta columna se encuentra el número de suministros no censurado o realizados dentro de las fechas previstas se observa en la columna "número de suministros efectuados". Puede observarse que para el primer intervalo es "0", para el segundo es 6, para el tercero es 3, para el cuarto 6 y para el quinto cero. De tal forma que al día 30 solamente se han realizado 15 suministro que al finalizar los 30 días hay pendiente 11 suministros.

- En la sexta columna se observan La proporción de las observaciones o suministros realizados dentro de los tiempos programados son "0" para el primer intervalo. 0.24 para el segundo intervalo, 0.18 para el tercero, 0.55 para el cuarto y "0" en el quinto. Por tanto los suministros solamente se han completado el 55% después de transcurrido 30 días de haber sido solicitados.

- La columna número siete contiene la proporción de los suministros pendientes de envío. Puede apreciarse en la tabla 3.9.6.3 (2) que a los 28 días existe un 45% de suministros que no han llegado a tiempo o aún no han llegado.

  En esta columna puede apreciarse que durante los 30 días evaluados el sistema de suministro fue deficiente en un 45%.

- En la octava columna se muestran probabilidades. Puede verse en esta columna que 0.28 es la probabilidad de que los 11 productos pendientes de envíos, sean enviado antes de finalizar el período 21-28 días.

  El pronóstico será entonces de que los 26 suministros solicitados, con una probabilidad del 72% no serán completados dentro de los 30 días que el proyecto lo requería.

  Esto muestra que el sistema de logística está siendo deficiente y que seguramente, de no tomarse medidas, tendrá un gran impacto para cumplir con el plazo contractual de ejecución de las obras.

- Con la columna nueve pueden construirse los intervalos de confianza al 95%. Estos intervalos estarán dado entonces por (0.10-1.96*0.04   0.10+1.96*0.04)= (0.02, 0.18).

Las tablas actuariales son de gran importancia para la economía y la industria es fuente de mucha información la cual ayudará a los Constructores a tomar mejores decisiones. Durante el proceso de construcción de la tabla de Supervivencia o actuarial también se generó el grafico de supervivencia. Ver ilustración 3.9.6.3-5

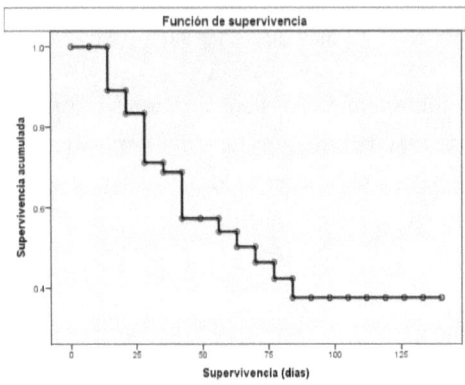

Ilustración 3.9.6.3-5

Esta gráfica muestra en las abscisas el tiempo expresado en día y en la ordenada las probabilidades acumulada. Es útil para observar gráficamente el comportamiento probable que toman la entrega de suministros para la construcción de una obra.

3.10. Medición de la exactitud de los pronósticos

La exactitud de los pronósticos tiene gran impacto en los costos y beneficios de los proyectos de obras civiles. El proceso de pronosticar, debe ser evaluado mediante métricas de exactitud.

Los estudios de monitoreo o seguimiento de estas métricas a través del tiempo es fundamental para impulsar mejoras de los sistemas de Gestión de los Proyectos de construcción.

Las herramientas de precisión para realizar pronósticos se cimientan en tres criterios. Estos criterios son los siguientes:

1. Los modelos que mejor se ajustan a los datos históricos.
2. Medidas de precisión que existen.
3. Otros criterios para la selección del mejor modelo de pronóstico.

3.10.1. Mejores modelos que ajustan a los datos

Un modelo que ajusta bien a los datos históricos no necesariamente pronostica bien. Sin embargo, por razones metodológicas, costo y tiempo debemos evaluar la precisión de los modelos de pronósticos en función de la capacidad de ajuste a los datos históricos. Por lo general es una de las primeras evaluaciones que llevamos a cabo. Esta evaluación se realiza de la manera siguiente:

1. Dividir la información en dos conjuntos.
2. El primer conjunto deber ser denominado datos de control y utilizarlo para encontrar el mejor modelo de pronóstico.
3. El segundo conjunto etiquetarlo como datos de predicción y no incluirlos en el análisis inicial.

Ejemplo si se dispone de 5 años de información histórica divididos en forma mensual, puede tomar los tres primeros años para los datos de control y el resto para los datos de predicción. O bien, dejar los últimos 6 o 3 meses para esta última actividad. Existe una gran variedad de combinaciones que se pueden realizar con los datos que dispongamos, la mejor combinación es aquella que mejor satisface las necesidades y resultados esperados para cada proyecto o empresa.

3.10.2. Medidas de precisión que existen

Para cada uno de los modelos de predicción generados se requiere medir la precisión o el desempeño de los mismos mediante indicadores de precisión. Para ello es necesario definir criterios para la precisión del pronóstico (datos de predicción) y para la selección del modelo (datos de control). No todos los modelos tendrán igual significado ni tendrán la misma utilidad. Sin embargo, pero ambos están basados en la ecuación base (algoritmo RMSE) siguiente:

$$e_t = (Y_t - \hat{Y}_t)$$

Donde e_t es el error del pronóstico. Y_t el valor observado o real en el tiempo t de la serie de tiempo, y $\hat{Y}_t$ es igual al valor pronosticado en el tiempo t de la serie de tiempo. El error puede ser representado en términos absolutos, relativos (%) y cuadráticos. Para representarlo en valores relativos se utiliza la ecuación siguiente:

$$ea_t(\%) = (Y_t - \hat{Y}_t)/Y_t * 100$$

Para representar el error en términos cuadrático puede utilizarse la ecuación siguiente:

$$e^2_t = (Y_t - \hat{Y}_t)^2$$

En la actualidad se conocen más de quince algoritmo para calcular las medidas de error. En la tabla que se presenta a continuación de este párrafo se muestran algunos de los algoritmos más empleados. Cualquiera de ellos puede emplearse para efectuar el cálculo de la medida del error. Sin embargo, su elección dependerá de la importancia que se les dé a los grandes errores. Ver tabla 3.10.2 (1).

Tabla 3.10.2 (1): Tabla actuarial de la variable "suministros de materiales".

NOTACIÓN	DESCRIPCIÓN	ECUACIÓN
MSE	Error cuadrático medio	$=mean(e^2_t)$
RMSE	Error de la raíz cuadrada	$=(\sqrt{MSE})$
MAE	Error medio absoluto	$=mean(|e_t|)$
MdAE	Mediana del error absoluto	$=median(|e_t|)$
MAPE	Promedio porcentual del error absoluto	$=mean(|p_t|)$
MdAPE	Error porcentual absoluto de la mediana	$=median(|p_t|)$
sMAPE	Error porcentual simétrico absoluto	$=mean(2|Y_t-F_t|/(Yt+Ft))$
sMdAPE	Error porcentual simétrico absoluto de la mediana	$=median(2|Y_t-F_t|/(Yt+Ft))$
MRAE	Error relativo medio absoluto	$=mean(|r_t|)$
MdRAE	Error absoluto relativo de la mediana	$=median(|r_t|)$
GMRAE	Error absoluto relativo de la media geométrica	$=gmedian(|r_t|)$
RelMAE	Error absoluto relativo de la media	$=MAE/MAE_b$
RelRMSE	Error relativo de la media cuadrática	$=RMSE/RMSE_b$
LMR	Error cuadrado de índice largo	$=long(RelMSE)$
PB	Mejor porcentaje	$=100\ mean(l\{rt<\})$
PB(MAE)	Mejor porcentaje del error medio absoluto	$=100\ mean(/\{MAE<MAE_b\})$
PB(MSE)	Mejor porcentaje del error medio cuadrático	$=100\ mean(/\{MSE<MSE_b\})$

3.10.3. El mejor modelo de pronóstico

La precisión es una cualidad importante en la selección de un modelo para pronóstico, no es la única condición a considerar para elegir el mejor de los modelos. Ya que también deben considerarse otras características tales como:

1) El tamaño o el horizonte de tiempo de los datos históricos.

2) El comportamiento de la información.

3) El tipo de relación del pronóstico también deben considerarse en la elección.

4) El número de variables que intervienen en el modelo de pronóstico.

El horizonte de tiempo determina la búsqueda del mejor modelo. Algunos modelos son útiles para pronósticos a corto plazo (de uno a tres meses) como los modelos de atenuación exponencial. En cambio los modelos de descomposición y ARIMA son útiles para el mediano plazo. En tanto que los econométricos funcionan bien a mediano y largo plazo.

El comportamiento de la información también determina la búsqueda del mejor modelo. Por ejemplo si los datos históricos presentan estacionalidad Winters o Box & Jenkins serían los más apropiados utilizar.

La cantidad de variables es un factor determinante en la magnitud del error. A mayor cantidad de variables que intervengan en el modelo de predicción que se analice disminuirá el tamaño del error.

Finalmente existen tres tipos de relaciones que limitan la búsqueda del mejor modelo. Estas relaciones son las siguientes:

1. Si la serie es única y el pronóstico se obtiene a partir de su propio pasado.
2. Si la serie no es causal y el pronóstico se obtiene a partir de otras bases históricas.

3. Si la serie es causal en donde los pronósticos son obtenidos a partir de otras variables que están relacionadas causalmente.

3.11. Metodología Box-Jenkins

La Ingeniería Civil es el conjunto de conocimientos y técnicas científicas aplicadas a la creación de estructuras horizontales y verticales necesarias para desarrollar el hábitat creciente de los seres humanos en un mundo que evoluciona rápidamente.

En este mundo que evoluciona y se desarrolla a pasos agigantados, los Constructores, Gestores de proyectos y Superintendentes de Obras, están obligados a utilizar métodos estadísticos para llevar a cabo de forma eficaz y eficiente la Gestión de Proyectos.

Dentro de este contexto, uno de los conocimientos y técnicas científicas que los Constructores y Gestores de Proyectos deben aplicar para realizar predicciones es la metodología Box - Jenkins.

La metodología Box-Jenkins se utiliza para crear modelos dinámicos de series temporales. Es aplicado a modelos regresivos de media móvil ARIMA o a los modelos auto-regresivos integrados de media móvil. Mediante estos modelos se logran mejores ajustes de los valores de una serie temporal. A través de la aplicación de metodología Box - Jenkins se obtienen modelos de pronósticos que producen resultados más acertados.

Con la metodología Box-Jenkins obtenemos modelos de la familia ARIMA con elementos determinísticos (tendencia, estacionalidad, efecto semana santa, efecto días laborables atípicos, etc). Para aplicar estos modelos se utilizan distintos tipos de parámetros que capturan diferentes rasgos presentes en los datos. El primer paso para la utilización de la metodología Box Jenkins, es determinar si el modelo debe ser formulado con los datos originales o con series transformadas. De cualquier forma que se formule el modelo, este debe contener: evolución la tendencia y evolución estacional. Estos modelos incorporarán:

1. Diferencias regulares
2. Diferencia estacional
3. Constante
4. Factores determinísticos

El modelo iterativo de **Box-Jenkins** tiene un enfoque que se desarrolla en tres etapas. Las Etapas que deben completarse en el modelado iterativo de Box-Jenkins son las siguientes:

3.11.1. Identificar el modelo y seleccionarlo

Aquí se debe verificar que las variables sean estacionarias. E identificar la estacionalidad en la serie, se debe diferenciar o identificar temporadas si fuese necesario (ejemplos: períodos de mayor consumo de combustible en un proyecto, periodos de mayor consumo de cemento, espacios de tiempo en que los volúmenes de obras que se producen descienden, períodos de mayor demanda de un tipo de material, etc).

Se deben utilizar los gráficos de las funciones de auto-correlación y auto-correlación parcial de la serie de tiempo dependiente para decidir cuál componente se debe utilizar en el modelo: el promedio auto-regresivo o un promedio móvil.

3.11.2. Estimación de parámetros

Se utilizan algoritmos de cálculo para obtener los coeficientes que mejor se ajustan al modelo ARIMA seleccionado. Los métodos más comunes usan estimación de máxima verosimilitud o mínimos cuadrados no lineales.

3.11.3. Comprobación del modelo

Verificar mediante ensayos con estos modelos, si los mismos estiman o se ajustan a las especificaciones de un proceso univariado estacionario. Particularmente los residuos deben ser independientes uno del otro. La media y la varianza deben mantenerse constante en el tiempo. Deben obtenerse gráficos de la media y la varianza y los residuos a través del tiempo. También debe realizarse la prueba de Ljung-Box o el trazado de auto-correlación y auto-correlación parcial de los residuos, esto nos permitirá identificar los errores de especificación. Si la estimación no es suficiente, tenemos que volver al paso uno y el intento de construir un modelo mejor.

3.11.4. ¿Para qué se utiliza Box - Jenkins?

En la industria de la construcción la metodología de Box-Jenkins es utilizada en los casos siguientes:

- Para pronosticar la demanda de viviendas.
- Para la previsión del consumo de combustible que utilizará un proyecto.
- Para calcular la demanda de agua en proyecto de construcciones horizontales y/o verticales.
- Para obtener la demanda interna del sistema logístico de un proyecto.
- Es útil para el análisis del riesgo financiero de activos a largo plazo (terrenos, maquinarias, etc).
- Es útil para el diseño de gestión de la cadena de suministros para un proyecto.

3.12. Riesgo y peligro

Riesgo es la vulnerabilidad y la probabilidad teórica y potencial de que se produzca un perjuicio o daños, bajo determinadas circunstancia, a los empleados, obreros, equipos, recursos financieros y obras en construcción. El peligro es la probabilidad teórica que personas, estructuras u otros recursos reciban un daño o perjuicio bajo las circunstancias que dieron origen al riesgo.

El peligro es previsible, es evitable, el peligro es una variable categórica dicotómica que adquiere valores finales de ocurrencia o no ocurrencia. El peligro puede finalizar con un desenlace denominado accidente. El peligro puede prevenirse tomando acciones para impedir la exposición al peligro de los recursos de los proyectos, estos peligros podrían ser sujetos de análisis durante la planificación de las matrices de riesgos de los proyectos.

En cambio, el riesgo no se evita, puede reducirse sus impactos anticipándose a todo posible eventos que pueda exponer a un riesgo los recursos del proyecto.

El riego es una variable categórica ordinal politómica. Toma diferentes valores finales tales como riesgo alto, medio, bajo o ninguno. Un ejemplo: es el riesgo que un Contratista no cumpla con el contrato de construcción de un proyecto, que el Contratista no construya el proyecto, el riesgo de que no lo construya puede ser alto, medio, bajo o ninguno.

Si el contratista no cumple con la construcción del proyecto, el dueño del proyecto aplicará las fianzas y pólizas (previsión del contratante). El peligro, en cambio, se da si existen circunstancias que se observaron cómo riesgos que induzcan a concluir que el Contratista no construirá el proyecto. Circunstancias tales como quiebras técnicas del contratista, insolvencias financieras, estados de interdicción judicial del contratista, poca experiencia del contratista para la ejecución de proyectos, razones financieras derivadas de los balances generales que indicaban alguna anormalidad, etc.

Otro ejemplo de riesgo se da con la variable **seguridad en los andamios de construcción,** cuanto mayor es la altura en que los obreros realicen los trabajos de construcción el riesgo es mayor o alto (mayor es el riesgo de accidentes fatales), esto podría implicar primas mayores para las pólizas de seguro.

Cuanto mayor es la imprudencia de los obreros a no portar sistemas de seguridad cuando utilizan andamios de construcción, éstos crean las circunstancias objetivas para exponerse al peligro y producir potenciales accidentes. En un ambiente laboral todos los obreros están expuestos a riesgos, pero no todos están expuestos al peligro. Estos riesgos son mitigados mediante políticas de previsión (pólizas de seguros) por las empresa constructoras, mediante estás políticas se resguardan de las consecuencias legales y económicas que producen los accidente laborales.

El peligro puede evitarse mediante un diseño adecuado de sistemas de seguridad laboral. El riego puede mitigarse mediante buenas políticas de gestión de riesgos.

En la industria de la construcción existen diferentes tipos de riesgos, ASTM F2233 - 03 (2009). Existen riesgos relacionados con: la deficiente formulación de los proyectos, la elaboración del diseño inapropiados, los subsuelos donde se desplantan estructuras (riesgos Geológicos), los incumplimientos de contratos, la disponibilidad financiera, la seguridad laboral, el buen desempeño de los proveedores, etc.

Para reducir el grado de incertidumbre en el manejo del riesgo los Constructores y Gestores de Proyectos debe recurrir a la estadística, deben recurrir a la aplicación del modelo de Cox.

El riesgo puede percibirse también como una oportunidad. Una correcta gestión de riesgos significa utilizar técnicas que maximicen resultados, limitando o evitando los posibles perjuicios o costes no previstos. **El diseño de la gestión de riesgo debe contener un enfoque de naturaleza defensivo, protector para el proyecto y la empresa constructora.**

La gestión del riesgo desde la perspectiva de la incertidumbre debe ser dirigida a la minimización de la desviación entre los resultados previstos por Constructores y Gestores de Proyectos, y los resultados que efectivamente se obtienen en los proyectos cuando se aplican técnicas de gestión de riesgos.

3.12.1. La percepción un procedimiento en desuso

En épocas pasadas los Constructores y Gestores de Proyectos utilizaban la percepción como una herramienta para la estimación del riesgo, fue uno de los sistemas más utilizado para identificar riesgos.

Hoy día **los** Constructores y Gestores de Proyectos ya no deben confiar en sus percepciones para manejar el riesgo. Se debe utilizar la estadística como único procedimiento científico para minimizar y gestionar el riesgo. Las empresas constructoras deben instalar sistemas de control que minimicen la probabilidad de ocurrencias de sucesos negativos, así como su severidad.

Las empresas constructoras para crear fortalezas defensivas, deben asignar recursos para reducir la probabilidad de padecer impactos negativos como consecuencia de una deficiente gestión del riesgo, deben de aplicarse técnicas o modelos como el de Cox para efectuar análisis estadísticos que ayuden a la gestión del riesgo y minimicen estos impactos.

3.13. Modelo de Cox

Hemos expresado en parágrafos anteriores que la industria de la construcción se desarrolla en ambientes de incertidumbres, en condiciones carentes de total certeza, es un mundo incierto donde todo es probable debido a la existencia de condiciones de poca seguridad del valor de repuestas de las variables intervinientes. El medio que rodea a la industria de la construcción está lleno de riesgos y amenazas. Estos riesgos debemos de afrontarlos y para ello es necesario realizar estudios estadísticos mediante el modelo de Cox.

Los riesgos surgen tanto en la fase de formulación del proyecto, así como durante la fase de construcción. Durante la fase de formulación y diseño, la información con la que se cuenta para la solución de los problemas es relativamente completa, esta información es analizada y procesada por arquitectos e ingenieros. Durante el proceso de formulación, se conocen las posibles soluciones a los aspectos de diseños, pero no se conoce con certeza como responderán éstos diseños durante el proceso de construcción y cuando las estructuras estén en uso.

Por tanto, existe incertidumbre, existe inseguridad. Como consecuencia de la incertidumbre todo lo que rodea a la industria de la construcción se torna vulnerable, expuesta a peligros y riesgos latentes en cada segundo en que se desarrollan las obras de construcción.

Para la realización de los procesos constructivos en la industria de la construcción, se posee información deficiente para tomar decisiones. No se tiene control, con absoluta certeza, de los procesos constructivos. No se conoce como podrían variar o interactuar todo el conjunto de variables que intervienen en estos procesos.

Se pueden plantear diferentes opciones de solución durante el desarrollo de los procesos constructivos, pero no será simple la asignación de probabilidades a todos los resultados que se desean obtener. Es por todo esto que se dice que los procesos constructivos se desarrollan en ambientes de incertidumbre, de inseguridad. Incertidumbre e inseguridad que puede ser manejada mediante la aplicación de los modelos de Cox.

El modelo de Cox es una regresión expresada por la suma de un análisis de Supervivencia más un modelo experimental. Los diseños experimentales se aplican a la investigación explicativa, aquella que tiene lugar en el nivel explicativo de la pirámide de investigación, cuando la variable repuesta es numérica. Si se mezcla un diseño experimental más un análisis de Supervivencia, aquel que tiene lugar en el nivel predictivo de la pirámide de investigación, se obtiene la regresión de Cox. Ver ilustración 3.13-1.

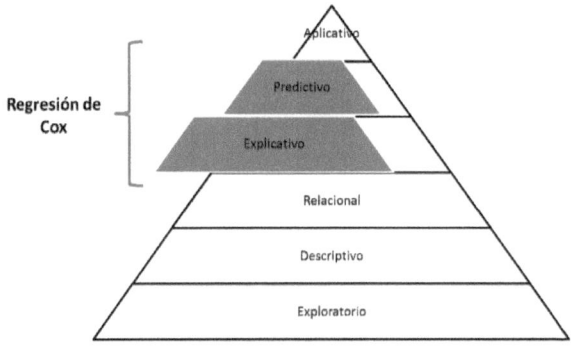

Ilustración 3.13-1

3.13.1. Aplicación del modelo de Cox

La Regresión de Cox es un instrumento de análisis estadístico muy utilizado en diversos sectores industriales para la estimación del riesgo, particularmente donde intervienen procesos estocásticos.

En este tipo de regresión el interés se cimienta es buscar variables independientes que se relacionen con variaciones de la función de Supervivencia, o de la función de riesgo de las unidades de estudios respecto a un determinado suceso observado.

La regresión de Cox es una regresión particular debido a que la variable dependiente es siempre una función de riesgo o una función de Supervivencia.

La regresión de Cox se utiliza, cuando se ha probado que las variables dependientes no tiene una distribución normal, cuando lo que se quiere estudiar y medir es el tiempo que transcurre desde que inició un suceso hasta que finalizó el suceso o evento dado en función de un grupo de variables explicativas o covariables.

Cuando las variables independientes no tienen una distribución normal no puede aplicarse el método de regresiones lineales múltiples y se deberá recurrir al modelo de Cox.

Con la aplicación de la regresión de Cox se pretende detectar relaciones entre el riesgo de que se produzca un determinado suceso estudiado, y las relaciones con una o varias variables independientes que expliquen los sucesos. El suceso puede ser, incumplimiento del plazo contractual, insolvencia financiera, fracaso de los sistemas logísticos, riesgos con las tercerizaciones de contrato, riesgo de colapso de una estructura al aplicarse cierto procedimiento constructivo, etc..

La Regresión de Cox debe utilizarse en conjunto con la función de la razón de riesgo (Hazard Ratio). La razón de riesgo (Hazard Ratio) es la relación de las tasas de riesgo correspondientes a las condiciones de una variable explicativa.

Por ejemplo: en un estudio de la variable objetiva, numérica continua "**aplicación de repello o estuco sobre paredes de** mampostería" en un proyecto vertical, un grupo de albañiles podría concluir estas obras con una velocidad del doble que el parámetro control, otro grupo podría concluirlas con una velocidad 1.5 veces que el parámetro control y algunos grupos de albañiles podrían estar por debajo del parámetro control.

Por lo que la razón de riesgo de concluir las obras de aplicación de repello o estuco sobre paredes de mampostería tiene diferentes valores para distintos grupos de trabajo. Estas diferentes tasas de riesgos incidirán finalmente en el plazo contractual para concluir las obras del proyecto.

No obstante, la función de riesgo puede ser aplicada para obtener conclusiones con la función o curva de Supervivencia. Se han desarrollado distintos modelos matemáticos que pretenden establecer una función de riesgo subyacente o pura, y un efecto de otras variables independientes explicando cambios en esta función de riesgo. En general, este modelo se expresa de la manera siguiente:

$$\lambda(t, X_1, \ldots, X_n) = \lambda_0(t)\exp\left(\sum_{i=1}\beta_i X_i\right)$$

La aplicación del modelo de Cox implica haber realizado previamente estudios de las variables en los niveles de la investigación: descriptiva, relacional y explicativo. Ejemplo: para el análisis del riesgo de la variable **"calidad del servicio de mantenimiento de equipos de construcción"**, se efectúan previamente los análisis estadísticos siguientes: estudios descriptivos univariados, estudios relacionales y estudios comparativos.

1. Estudios descriptivo univariado para variables numéricas y categóricas, se realizan pruebas de normalidad (Kolmogorov-Smirnov y Shapiro-Wilk) para las variables dependientes.

2. El en nivel relacional de la investigación se efectúan análisis de correlaciones de Spearman entre las variables dependientes y las independientes.

Una vez que se verifica que la distribución de la variable dependiente no tiene una distribución normal se realizan las pruebas no paramétricas siguientes:

3. Test de Mann Whitney (usada para comparar diferencia significativa entre grupos de variables categóricas dicotómicas y numéricas).

Kruskal Wallis (usada comparar diferencia significativa entre grupos de variables categóricas con más de dos categorías y una numérica)

4. Análisis por Kaplan-Meyer, mediante los test de Log Rank (Mantel-Cox), Breslow (Generalized Wilcoxon) y Tarone-Ware para cada variable independiente en cada grupo llamadas covariables en función de la dependiente.

El criterio utilizado para considerar una variable independiente en la construcción del modelo de Cox consiste en que los Test de Mann Whitney y de Kruskal Wallis al igual que los de Kaplan-Meyer, deben tener una significancia $p<0,05$. Esto significa que las categorías de las variables creadas tienen diferencias significativas entre ellas en relación con las variables dependientes.

La aplicación del modelo de Cox en la industria de la construcción le permitirá a los Constructores y Gestores de Proyectos incluir en los planes de previsiones o contingencias y matrices de riesgos medidas para enfrentar los riesgos. Riesgos propios de la industria de la construcción tales como:

- **Riesgos laborales**: accidente, son multicaúsales. Tiene distintos orígenes y causas que generalmente terminan en lesiones diversas para los obreros. La principal causa es la falta de previsión de riesgos por la empresa. Algunos otros riesgos son ocasionados por falta de instrucción y educación laboral en los obreros.
- Riesgos asociados a fenómenos naturales. Son todos aquellos riesgos cuyos orígenes están directamente asociados con fenómenos de la naturaleza (terremotos, huracanes, sismos, inundaciones, etc.).
- Riesgos por casos fortuitos. Riesgos relacionados a huelgas, asonadas, paralizaciones parciales de las obras por interés nacional o del dueño de la obra, etc.
- Riesgos financieros. Aquellos riesgos relacionados con las insolvencias o iliquidez de los proyectos, o las empresas.
- Riesgos de diseños. Riesgos relacionados con los diseños deficientes de las obras que se construyen.
- Riesgos de construcción. Son los riesgos vinculados a defectos constructivos o de malas prácticas ingenieriles para la construcción.
- Riesgos ambientales. Todos aquellos riesgos que pongan en peligro el medio ambiente.
- Riesgos químicos. Este es un tipo de riesgo muy especial que puede asociarse con los riesgos ambientales. Sin embargo, en este artículo lo hemos separado debido a la connotación que tienen en la industria de la construcción este tipo de riesgo.

Aquí están comprendido los potenciales riesgos por malas prácticas para el manejo de sustancias químicas (diesel, gasolina, aceites, poliésteres, vinilos, alcoholes, etc).

3.13.2. Ejemplo de análisis mediante el modelo de Cox

La regresión de Cox se utiliza, cuando se ha probado que las variables independientes no tiene una distribución normal, las variables independientes en este ejemplo son, lluvia, suministros e inconsistencias en los planos.

La regresión de Cox se utiliza cuando lo que se quiere estudiar y medir es el tiempo que transcurre desde que inició un suceso, el suceso es "Finalización de las obras del edificio de Administración del Proyecto CH", hasta que finalizó el suceso o evento dado en función de un grupo de variables explicativas o covariables. Las variables explicativas para el ejemplo son, lluvia, suministros e inconsistencias en los planos.

Para llevar a cabo este estudio, ya se ha probado que las variables independientes no tienen normalidad, no se presentan los resultados, por ello se procedió a aplicar el modelo de Cox.

Resultados esperados

Los resultados que se esperan mediante el un estudio con la regresión de Cox son: probabilidad de ocurrencia del suceso, razón de riesgo de Hazard y la relación entre las variables independiente con la dependiente.

- Probabilidad: una probabilidad alta expresará que las obras "no finalizaron".
- La razón de riesgo Hazard: si la razón de Hazard es mayor que uno el riesgo de no finalizar una obra es alta y los coeficientes B de las variables en la ecuación serán positiva.
- Relación entre las variables denominadas independiente y las dependientes. Valores negativos de las variables B, significa menos obras que "no se finalizarán".

El proceso de la aplicación del modelo de Cox debe iniciarse con la introducción de la base de datos al software SPSS. Ver gráfico 3.13.2-1.

ID	Etapa	Dias	Estado	Prioridad	Lluvia	Suministros	Indecisiones
1	Preliminares	10	No finalizó	Prioridad I	Con	Con	Sin
2	Fundaciones	30	No finalizó	Prioridad I	Con	Con	Sin
10	Puertas	105	No finalizó	Estadio II	Sin	Con	Sin
11	Ventanas	110	No finalizó	Estadio II	Sin	Con	Sin
14	Aires acondicionado	110	No finalizó	Prioridad III	Sin	Con	Sin
16	Pintura	115	No finalizó	Estadio II	Sin	Con	Sin
13	Electricidad	110	No finalizó	Estadio II	Sin	Con	Sin
15	Obras miscelanea	95	No finalizó	Prioridad III	Sin	Con	Con
7	Cielos rasos	100	Finalizó	Estadio II	Sin	Sin	Sin
6	Acabados	75	Finalizó	Prioridad III	Sin	Sin	Con
5	Techos y fascias	50	Finalizó	Prioridad III	Con	Con	Con
9	Carpintería fina	105	Finalizó	Prioridad I	Sin	Sin	Sin
17	Limpieza final y entrega	120	No finalizó	Prioridad III	Sin	Sin	Sin
3	Estructura de concreto	50	Finalizó	Prioridad I	Con	Sin	Sin
8	Particiones	90	Finalizó	Estadio II	Sin	Sin	Con
12	Obras sanitarias	100	Finalizó	Prioridad I	Con	Con	Sin
4	Mampostería	50	Finalizó	Prioridad I	Con	Con	Con

Ilustración 3.13.2-1

Una vez ingresada la base de datos en el programa SPSS, y se hayan declarado la variables en la pestaña vista de variable. Se deberá, ejecutar la secuencia de comandos que sugiere el IBM SPSS Statistic versión 22 para aplicar el modelo de Cox.

Esta secuencia de comando es la que se describe a continuación: Analizar → Supervivencia → Regresión de Cox.

Al pulsar dentro del menú contextual la opción "Regresión de Cox", se abrirá una ventana denominada "Regresión de Cox". Dentro de esta ventana es donde se realiza las declaraciones de las variables dependientes y las independientes. Ver tabla 3.13.2-2.

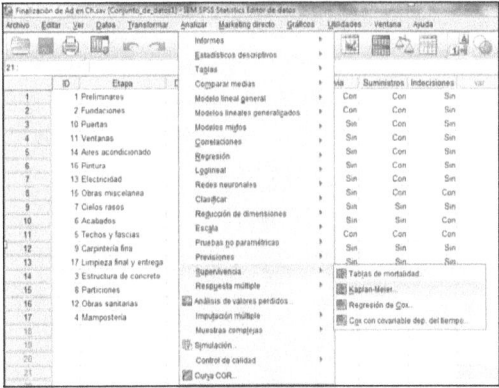

Ilustración 3.13.2-2

Dentro de la ventana "Regresión de Cox" deberá introducirse la variable "Supervivencia". La introducción de esta variable debe hacerse en el capo "Hora". Posteriormente deberá introducirse en el campo estado la variable "Estado". A continuación debe pulsarse el botón definir evento para abrir la ventana "Regresión de Cox definir evento…".

En esta ventana "Regresión de Cox definir evento…" se debe introducirse el valor "1" en el campo "Valor único". Este valor debe declararse para indicarle al software que los datos etiquetados con valor "1" corresponden al suceso terminal al suceso. El suceso terminal para este ejemplo es "Finalizó", el cual indica que la obra fue finalizada dentro del plazo establecido en el calendario de ejecución física del proyecto. Ver figura 3.13.2-3.

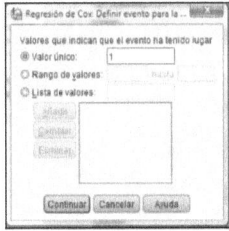

Ilustración 3.13.2-3

Finalizada la acción de declaración del valor indicativo como terminal, debe de pulsar el botón continuar. Este paso nos conduce a la ventana, de vuelta en esta ventana deberá ingresarse las variables independientes en el campo "Covariables". Una vez realizada esta acción la ventana "Regresión de Cox", deberá lucir de la forma como se muestra en el gráfico 3.13.2-4.

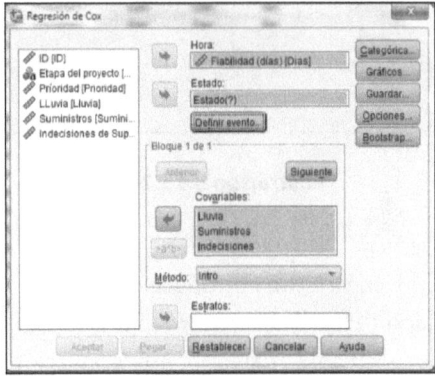

Ilustración 3.13.2-4

A continuación, pulsar el botón gráficos y seleccionar "Superviv" y Riesgo. Ver figura No. 3.13.2-5.

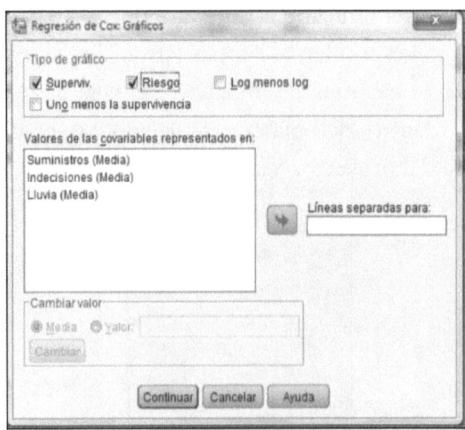

Ilustración 3.13.2-5

Realizada la selección de "Superviv" y Riesgo pulsar el botón continuar y a continuación pulsar el botón Guardar. Esto abrirá la ventana "Regresión de Cox Guardar".

En esta ventana, "Regresión de Cox Guardar", deberá seleccionarse la "Función de supervivencia" y la "Función de riesgo", para que el software IBM SPSS Statistic versión 22[58] guarde las columnas riesgos y probabilidad en la vista de datos.

También en esta ventana, deberá indicarse (si el investigador lo desea) la ruta y el nombre del archivo a guardar. Ver ilustración 3.13.2-6.

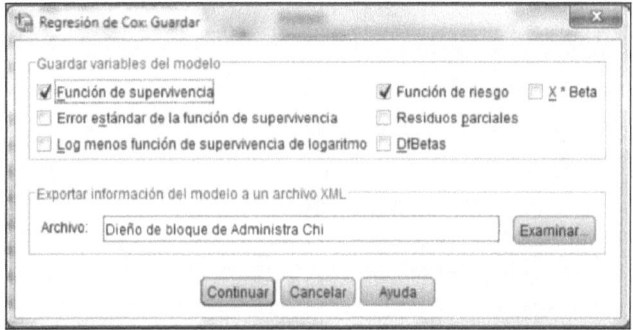

Ilustración 3.13.2-6

Finalizada estas última acción, pulsar el botón continuar lo cual hará que el programa regrese a la ventana "Regresión de Cox". En esta venta pulsar el botón aceptar. Lo que hará que el software genere dos columnas en la ventana "Vista de datos" y las muestre con el nombre SUR_1 y HAZ_1.

La primer columna contiene la probabilidad para cada registro que se introdujo en la base de datos. Y la segunda columna, contienen al riesgo de Hazard. Ver ilustración 3.12.2-7.

---

[58] Es la última versión que existe en el mercado para este software.

ID	Etapa	Dias	Estado	Prioridad	Lluvia	Suministros	Indecisiones	SUR_1	HAZ_1
1	Preliminares	10	No finalizó	Prioridad I	Con	Con	Sin	1.00000	.00000
2	Fundaciones	30	No finalizó	Prioridad I	Con	Con	Sin	1.00000	.00000
10	Puertas	105	No finalizó	Estadio II	Sin	Con	Sin	.88379	.12354
11	Ventanas	110	No finalizó	Estadio II	Sin	Con	Sin	.88379	.12354
14	Aires acondicionado	110	No finalizó	Prioridad III	Sin	Con	Sin	.88379	.12354
16	Pintura	115	No finalizó	Estadio II	Sin	Con	Sin	.88379	.12354
13	Electricidad	110	No finalizó	Estadio II	Sin	Con	Sin	.88379	.12354
15	Obras misceláneas	95	No finalizó	Prioridad III	Sin	Con	Con	.84787	.16503
7	Cielos rasos	100	Finalizó	Estadio II	Sin	Sin	Sin	.51015	.67304
6	Acabados	75	Finalizó	Prioridad III	Sin	Sin	Con	.44803	.80290
5	Techos y fascias	50	Finalizó	Prioridad III	Con	Con	Con	.33932	1.08082
9	Carpintería fina	105	Finalizó	Prioridad I	Sin	Sin	Sin	.30808	1.17738
17	Limpieza final y entrega	120	No finalizó	Prioridad III	Sin	Sin	Sin	.30808	1.17738
3	Estructura de concreto	60	Finalizó	Prioridad I	Con	Sin	Sin	.29668	1.21510
8	Particiones	90	Finalizó	Estadio II	Sin	Sin	Con	.20746	1.57280
12	Obras sanitarias	100	Finalizó	Prioridad I	Con	Con	Sin	.14232	1.94965
4	Mampostería	50	Finalizó	Prioridad I	Sin	Con	Sin	.00003	10.30064

Ilustración 3.13.2-7

3.13.3. Interpretación de los resultados de Cox

1- Prueba de ómnibus: en la prueba del ómnibus el Chi-cuadrado global es 17.555 y la significancia es 0.01 lo cual es muy significativo. Esto indica que las variables independiente no tienen un comportamiento normal. Por tanto la aplicación del modelo de Cox es válida. Ver tabla 3.13.3 (1).

Tabla 3.13.3 (1): Prueba del ómnibus de coeficiente

Logaritmo de la verosimilitud -2	Global (puntuación)			Cambio respecto a paso anterior			Cambio respecto a bloque anterior		
	Chi-cuadrado	gl	Sig.	Chi-cuadrado	gl	Sig.	Chi-cuadrado	gl	Sig.
20.990	17.555	3	.001	17.705	3	.001	17.705	3	.001

2- Análisis de la relación entre variables independientes y dependientes:. la variable dependiente es el suceso "Finalización o no finalización de las obras". Las variables independiente son, lluvia, suministros e indecisiones.

"Prioridad" es un factor fijo de control y expresa el nivel de prioridad de las obras del proyecto "etapas del proyecto".

Este factor es determinado mediante el método de la ruta crítica. Las obras críticas son de prioridad I, las de prioridad II son las que tienen alguna holgura y las de prioridad III tienen la mayor holgura.

El análisis de las variables independiente muestra que:

- La variable lluvia es significativa para que las obras no finalicen. Su significación es 0.011 para la "Lluvia". A mayor lluvia o precipitaciones más obras no finalizada produjeron al proyecto. Esto se muestra con el coeficiente positivo B el cual es 3.318 (positivo).

- El valor de la significancia de la variable independiente "Suministro" es 0.045, lo cual es muy significativo. Por tanto, a mejor o más cumplimiento en los Suministros, más cantidad de obras no finalizadas habrá en el proyecto. Ver coeficiente -2.254.

- Para la variable "Indecisiones" la significancia es 0.077, por tanto no es significativa por ser mayor que 0.05. De manera que con esta variable concluimos que no tiene incidencia en el tiempo de finalización del proyecto.

Tabla 3.13.3 (2): Valor de significación y coeficiente B para las variables independientes.

	B	SE	Wald	gl	Sig.	Exp(B)
Lluvia	3.318	1.303	6.486	1	.011	27.607
Suministros	-2.254	1.124	4.026	1	.045	.105
Indecisiones	2.137	1.208	3.132	1	.077	8.477

- No existe riesgo de Hazard cuando el ratio es menor que uno. No obstante si su probabilidad es alta la obra no finalizará tal como se muestra en la tabla 3.13.3 (3).

Aquellas etapas que tenían un riesgo de no finalizar menor que 0.5 no finalizaron debido a que la probabilidad de finalización era muy alta, entre 1 y 0.84.

Para probabilidades baja, si el riesgo es alto las etapas finalizarán. Exceptuándose la etapa del límite "Limpieza final y entrega".

La etapa de mampostería tenía un una probabilidad bien baja, debido a que su riesgo de finalizar es bien alto 10.30. Esta etapa era de alta prioridad, prioridad I.

Tabla 3.13.3 (3): Probabilidad y riesgo para cada etapa del proyecto.

ETAPA	DURACION (DÍAS)	ESTADO	PROBABILIDAD	RIESGO
Preliminares	10	No finalizó	1	0
Fundaciones	30	No finalizó	1	0
Puertas	105	No finalizó	0.88379	0.12354
Ventanas	110	No finalizó	0.88379	0.12354
Aires acondicionado	110	No finalizó	0.88379	0.12354
Pintura	115	No finalizó	0.88379	0.12354
Electricidad	110	No finalizó	0.88379	0.12354
Obras miscelanea	95	No finalizó	0.84787	0.16503
Cielos rasos	100	Finalizó	0.51015	0.67304
Acabados	75	Finalizó	0.44803	0.8029
Techos y fascias	50	Finalizó	0.33932	1.08082
Carpintería fina	105	Finalizó	0.30808	1.17738
Limpieza final y entreg	120	No finalizó	0.30808	1.17738
Estructura de concreto	50	Finalizó	0.29668	1.2151
Particiones	90	Finalizó	0.20746	1.5728
Obras sanitarias	100	Finalizó	0.14232	1.94965
Mampostería	50	Finalizó	0.00003	10.30064

Podemos concluir que cuando las etapas adquieren un probabilidad mayor 0.51 no finalizarán. Y cuando tienen un riesgo mayor que 0.16 finalizarán exceptuándose la etapa de extremo.

BIBLIOGRAFÍA

Estadística y Probabilidad. Martínez Rayo, Elías. Universidad Nacional de Ingeniería. Edición 2007.

Métodos estadísticos. Control y mejora de la calidad. Prat Bartés, Albert; Martorell Llabrés, Xavi Tort; Pozueta Fernández, Lourdes y Solé Vidal, Ignasi. Universidad Politécnica de Catalunya. Edición 2005.

Estadística Aplicada Básica. Moore, David S. Editorial Antoni Bosch editor. Edición 2005.

Métodos estadísticos para medir, describir y controlar la variabilidad. Luceño Vázquez, Alberto y González Ortiz, Francisco Javier. Editorial Universidad de Cantabria. Edición 2004.

Probabilidad y Estadística Aplicada a la Ingeniería. Montgomery, Douglas C y Runger, George C. Editorial Limusa Wiley Edición 2002.

Estadística Aplicada. De la Horra Navarro, Julián. Editorial Díaz Santos. Edición 2003.

La investigación científica, su estrategia y su filosofía. Bunge Mario. Editorial Siglo XXI.

Modelo de gestión para monitoreo y control de obras civiles (MGMC). Ayala Padilla, H. M., & Pasquel Meneses, G. P. (2013).

SEMBLANZA DEL AUTOR

Wilfredo Espinoza Coronado nació en la ciudad de León, Republica de Nicaragua, el 07 de Marzo de 1958. Realizo estudios Técnicos en Ebanistería en el Instituto Técnico La Salle de la ciudad de León. Se graduó de Ingeniero Civil en la Universidad Nacional de Ingeniería, Managua, Nicaragua. Tiene estudios de Post grado en Administración y Dirección de Empresas.

Obtuvo el grado de Magister en Administración y Dirección de empresas en la Universidad Centroamericana (UCA), Managua, Nicaragua. Para optar al título de Master concentro sus estudios en el área de Finanzas, realizando su trabajo de grado en la empresa constructora D´ GUERRERO INGENIEROS, S.A. en el área de **"Control de Gestión de la Alta Dirección"**, ver la obra completa en http://ingenieroestadistico.com/mastermind.

En los últimos años el Ingeniero Espinoza ha realizado estudios de Estadística Aplicada y se ha especializado en el Análisis de Datos, predicciones y pronosticos mediante software estadísticos tales como SPSS, STATGRAPHICS y RAPIDMINER. También es miembro del Project Managment Institute (PMI) y actualmente realiza estudios de doctorado, **PhD in Engineering Project Management**.

El Ingeniero Espinoza se ha desempeñado en el sector industrial de la construcción desde los trece años de edad, iniciándose como obrero hasta llegar a ubicarse en cargos de Ingeniero Residente de Proyectos, Gerente de Proyectos, Diseñador de estructuras de concreto y estructuras metálicas, Gerente de Operaciones, Consultor Administrativo Financiero y Gerente Técnico.

Trabajó durante siete años con la Unión Europea en diferentes programas en los cuales realizó Gerencia de proyectos de

Infraestructura de carácter social. Ha realizado en diversas empresas consultorías en, Administración Financieras, Costos y Presupuestos, Desarrollo Organizacional, Planeación Estratégicas y desarrollo de software para presupuestos y Control de Gestión. Es creador del software CONTROL PROJECT mediante el cual puede realizarse el control y la gestión de proyectos mediante telemática.

Dirigió las operaciones de construcción durante ocho años en la empresa constructora NAP Ingenieros, S.A ejecutando más de 110 proyectos verticales y horizontales. En esta empresa hasta año 2013 ocupo los puestos de Gerente de Operaciones, Gerente Técnico y Gerente de Proyectos.

En la actualidad, es Consultor, Gerente General de EM Construcciones y Cia. Ltda e imparte cursos y seminarios sobre estadística aplicada a la construcción de obras civiles.

También el Ingeniero Espinoza publica, en la página web http://ingenieroestadistico.com/, artículos de gran interés científicos relacionados con el sector de la construcción y próximamente publicará en AMAZON los libros **Estadística para Constructores** y **Cómo hacer un Diagnóstico Financiero!**.

Asegúrate de contar con la edición actualizada de Estadística para Constructores en: www.ingenieroestadístico. com.

www.ingramcontent.com/pod-product-compliance
Lightning Source LLC
Chambersburg PA
CBHW030918180526
45163CB00002B/384